“十四五”职业教育国家规划

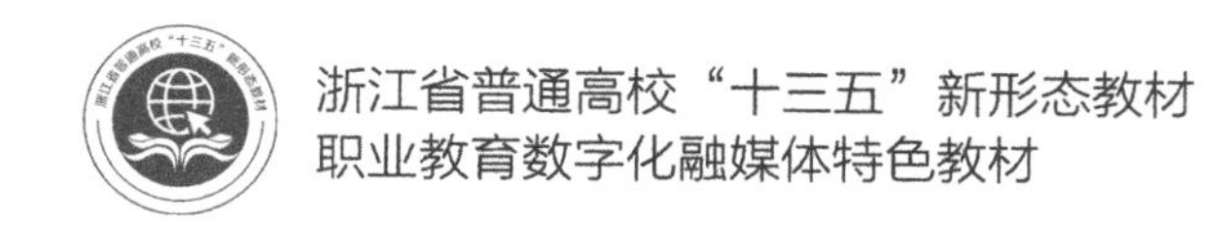

浙江省普通高校“十三五”新形态教材
职业教育数字化融媒体特色教材

浙江省高职院校“十四五”重点教材

ZHEJIANG UNIVERSITY PRESS
浙江大学出版社
·杭州·

前　言

让我们把时光倒流到26年前，1997年的北京。第一家“雕刻时光”咖啡馆在北京大学东门的成府街开业，售卖现磨咖啡。于是，开启了中国大陆咖啡馆经营的历史。同年，来自宝岛台湾的“上岛咖啡”品牌进入海南，以连锁加盟的方式迅速扩张。1999年“星巴克”进入中国大陆市场，从而开启了咖啡馆连锁品牌的扩张之路。

26年后的今天，无论是“雕刻时光”“上岛咖啡”，还是“星巴克”，不论是本土品牌还是国际品牌，这些中国咖啡休闲产业的探路者，均在中国咖啡业市场中占领了一定的市场地位和份额。而咖啡馆也不再仅仅被定义为“一个喝咖啡的地方”，这里有青春的气息，有创业的梦想，有“工匠”般的执着，也有创意火花的迸发，更有对生活的沉淀和思考，以及对未来的憧憬和追求。

那么，就让我们一起走进咖啡的世界，开启咖啡的文化之旅，熟悉咖啡制作技艺及咖啡馆经营与管理的理念和流程。让我们一起探讨如何将文化创意活动融入咖啡馆的文化内涵中，从而为咖啡馆运营及品牌发展探索出一条生命常青之路。

《咖啡制作》新形态教材是一本兼具实践性和理论性、科学性和艺术性、技术性和观赏性的实用型教材。本书包括７个模块，３５个专题，介绍了咖啡的起源与历史、咖啡馆的筹建与经营、咖啡豆的烘焙与研磨、意式和单品咖啡的制作、咖啡礼仪与点单技巧，以及咖啡馆文创设计等内容，旨在培养并提升读者的咖啡制作技巧、咖啡文化知识及职业素养。希望此书能为广大的咖啡爱好者以及致力于成为专业咖啡师的朋友们开启一扇步入咖啡文化殿堂的大门。

本书特色：

1. 以课程思政为引领，凸显教材内容的思想性。教材贯彻“立德树人”的根本要求，在每一个模块和专题中，自始至终贯穿着咖啡师职业道德和职业素养的要求，引导学生在提升咖啡师咖啡制作技能及咖啡馆经营管理能力的同时，树立爱岗敬业的职业道德、精益求精的“工匠精神”及勇于创新的职业态度，为学生今后的职业发展奠定坚实的职业道德和素养基础，达成职业教育培根铸魂、思政育人的最终目标。

2. 以产业发展为依据，强调教材内容的职业性。教材基于校企合作现代学徒制教学改革项目，采用校企合作课程团队共同创作的方式，基于真实生产项目、场景和岗位工作流程，将行业和企业最前沿的专业知识、技能、职业素养，以及创意设计和管理经验融入其中，呈现出新时代文旅融合背景下新业态对专业人才培养的综合要求，具有深刻的产业特性和职业教育特色。

3. 以数字赋能为导向，呈现教学资源多元化。教材基于“互联网＋教育”发展的新形势，采用先进的编写理念，以及纸质教材和数字化资源相融合的方式，通过丰富多彩的文字材料、图片、视频，以及与纸质教材配套使用的教学课件、电子教案、拓展学习资源、App 等数字化教学资源，将信息技术与教材、教学完美融合，彰显时代特色，以丰富的融媒体资源为教学赋能。

4. 以“双师团队”为依托，确保教材内容的高质量。教材创作编写团队来自“校企双主体育人现代学徒制项目”双师团队，校内专任教师与企业特聘专家紧密结合、优势互补，确保教材内容能够反映产业最前沿的专业知识和技能，以及职业教育最先进的教学理念和方法。教材作为“十四五”职业教育国家规划教材、浙江省高职院校“十四五”重点教材、浙江省普通高校“十三五”新形态教材，充分反映了教材在编写理念、思路、方法和风格的先进性。

《咖啡制作》新形态教材充分融入中国共产党第二十次全国代表大会精神，将“立德树人”作为育人根本，以培养德智体美劳全面发展的社会主义建设者和接班人为目标；将产教融合、教育数字化、工匠精神等职业教育先进理念贯穿始终，从而为实施科教兴国战略，强化现代化建设人才支撑尽一份绵薄之力。

在本书的撰写过程中，笔者得到了宁波木凡咖啡投资有限公司林远贵先生、杨意之先生以及宁波文化广场书店有限公司马静先生的技术支持与指导，在此深表感谢！

由于笔者水平有限，本书存在着一些不足之处，敬请各位读者朋友及专业人士批评指正、交流促进。

徐春红

2023 年 7 月

目录 CONTENTS

第一模块　咖啡的起源与历史

第一专题　咖啡的起源与历史(上)

学习目标

1. 掌握咖啡在全世界的传播轨迹等知识点。
2. 掌握咖啡在全世界的演变过程等知识点。

视　频

咖啡的起源

“咖啡”一词源于希腊语“kaweh”,意思为“力量与热情”。有关咖啡由来的传说,最耳熟能详的就是关于牧羊人的故事:公元6世纪的埃塞俄比亚,一位名叫卡尔迪的牧羊人在一次放牧时,发现羊群中的每只羊都显得兴奋异常,觉得非常奇怪。后来经过细心观察,发现原来这些羊群是吃了一种红色的果实,而这种红色的果实就是咖啡果。

接下来,就让我们一起来探寻咖啡在世界传播中的文化轨迹吧。

咖啡的传播轨迹

(一) 从埃塞俄比亚到阿拉伯

从埃塞俄比亚到西雅图码头,全球每年消耗咖啡5000亿杯,其中一半用于早餐。每天清晨,世界各地的人们用各自的方式,冲泡出自己钟爱的咖啡。

没什么比清晨来一杯香醇的咖啡更让人惬意了。

它每到一个地方,都会改变当地的文化和生活。点燃浪漫氛围,激起变革风潮,一切皆因这种黑色“魔药”而起。

作为早餐桌上不可或缺的饮品,咖啡成为世界上最普遍的合法兴奋剂。

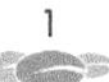

从咖啡豆到一杯咖啡，2500 多万人以咖啡谋生，而 1 亿人则是赖以生存。

咖啡的故事始于藏在咖啡树红色浆果中的绿色豆子，有人说它有魔力，有人说它很邪恶。然而，无论出于嫉妒还是贪婪，无论是国王、商人还是祭司，都不能阻止咖啡在全世界流传，迟早，所有人都会被这诱人的豆子所吸引。

这是一个流传千年的传奇，起源于一片被称为“人类摇篮”的远古森林，即牧羊人卡尔迪发现咖啡豆的传说故事。

埃塞俄比亚人率先采集森林中的野生咖啡，可能就像卡尔迪传说中所讲，起初他们只会咀嚼咖啡浆果，或是将咖啡豆研磨，与脂肪类食物一起制成能量棒。随后，埃塞俄比亚人用沸水，将咖啡叶冲泡成淡茶饮用。直到 1400 年，某人无意中烘烤了咖啡豆，才发现它的气味醇香无比。人们将咖啡豆磨碎，冲泡成一种强效的黑色饮料，咖啡就这样诞生了。

所有的埃塞俄比亚人都知道，这里是咖啡的故乡。埃塞俄比亚人以咖啡而自豪，不仅因为这里是咖啡自然生长区，而且所有埃塞俄比亚人早晨都喝咖啡，这样看起来很有面子。如果你去拜访埃塞俄比亚家庭，都会发现他们总是在饭前备好咖啡。咖啡是一种家庭饮料，它使人们友好而亲密。咖啡是埃塞俄比亚文化的传统和骄傲。

古埃塞俄比亚人对野生咖啡充满崇敬之情，却无法将其独占，终有一天，叛国流亡者将咖啡豆带到了阿拉伯的穆哈港，从此，阿拉伯人开始在也门附近的山区种植咖啡。

苏菲派教徒需要抑制睡眠欲望，以便更加狂热地祈祷，这种振奋精神的药水，使他们在追求与神结合的过程中，更加迷醉。因此，没过多久，咖啡就以宗教饮品的形式在寺庙间广为流传。通过苏菲派教徒，咖啡进入了阿拉伯社会。

很快，咖啡就进入了世俗生活。富人会专门将一个房间用作咖啡室，当有客人拜访时，喝咖啡就成了一种社交活动。而以穷人为主要顾客的咖啡馆，雨后春笋般涌现出来，它们成为重要的社交场所。人们在那里交谈、游戏，也有妓女在那里出没。由于咖啡馆成为穷人的聚集地，纠纷不断，因此，咖啡背上了叛乱温床的罪名。

当时，没有什么合适的地方可以让来自社会各阶层的陌生人相聚和交流，咖啡馆的出现填补了这一空白。咖啡馆被认为是恶习之源、暴动和革命的根据地，这是有理由的，因为人们的确在咖啡馆里谈论政治。

(二) 从阿拉伯到土耳其

土耳其人征服阿拉伯世界后，他们继承了咖啡文化。不久，咖啡在普通民众日常生活中的地位日渐稳固，但土耳其男人更喜欢光顾公共咖啡馆。

咖啡在土耳其人的文化中非常重要，而咖啡馆是人们的重要聚集地，人们经常光顾咖啡馆，在非祈祷时间交谈，因为清真寺里不允许谈论世界时事。土耳其咖啡馆里的老主顾，往往是知识分子、作家、诗人，他们会来咖啡馆交流或争论时事，他们评论新闻，就像现在的新闻主持人一样。在咖啡馆里，人们还交流所学知识，咖啡馆对于人们互相交流来说非常重要，而咖啡是交流中的重要部分。

随着对咖啡品味的逐渐提升，土耳其人更加注重保护他们钟爱的咖啡豆。咖啡是一种被严密保护的商品，特别是奥斯曼帝国时期，这个时期，土耳其人将咖啡广泛向外传播，但他们不希望其他人能种植咖啡。因此，为了保持咖啡的垄断地位，他们在出口咖啡豆时将咖啡豆煮熟，防止咖啡豆生长繁殖。咖啡成了珍稀商品，有人企图将其走私出去。后来，一个叫巴巴博丹的印度人将一些种子粘在腹部，藏在衣服里携带出去，这可能是个真实的故事。

随后，荷兰人得到了一些高产的种子，开始在阿姆斯特丹的温室里种植。荷兰人从本土移植了一些咖啡，在其海外殖民地奴役当地居民，强迫他们种植咖啡。截至1683年，穆哈和爪哇是最大的咖啡种植基地，伴随苏丹王军队的脚步，咖啡随时准备征服欧洲。

当时，维也纳被围攻，一位阿拉伯苏丹王派出一支强大的军队去征服西方，他来到维也纳城门，包围了城池，准备进攻。欧洲岌岌可危，他们正商议派谁去寻求援军，有一位名叫佛朗茨·乔治斯的年轻人，曾经在阿拉伯生活过，会讲阿拉伯语，他假装成阿拉伯商人，逃出了封锁线，把需要援助的消息传递给法国军队。法国援军的到来扭转了局势，阿拉伯人溃逃，匆忙逃亡中，他们留下了成袋的未经烘焙的咖啡豆，没人知道那是什么，他们还以为是骆驼粪，要将它烧掉，乔治斯闻到了咖啡味，他说："那是咖啡，不要烧掉！如果没人要，就全给我吧！"乔治斯曾在土耳其人中生活过，他知道咖啡烘焙冲泡的基本知识，很快，他就开了维也纳的第一家咖啡馆。和土耳其人一样，他在咖啡中加糖以改善口味。维也纳人不喜欢咖啡底部的渣滓，就开始过滤咖啡，他们也不喜欢纯咖啡原始的味道，就尝试加入牛奶，而现在我们就是这样喝咖啡的。

(三) 从土耳其到意大利

维也纳人引进了咖啡的现代化饮用方式，而意大利人则让咖啡文化臻于完美，不过，只要有咖啡的地方，就有人抵制这种异域饮料。意大利神父认为，土耳其人以及他们的黑色饮料，对于基督教来说，是一种威胁。他们请求克莱门特八世禁止咖啡。然后，据说教皇尝过咖啡之后，觉得非常美味，于是决定给咖啡放行。

随着土耳其人与威尼斯人开始贸易往来,他们之间的联系也越来越多。在这些贸易中,威尼斯人提供某些货物,土耳其人则提供咖啡。最初威尼斯人对咖啡持怀疑态度。1720年,佛罗莱恩咖啡馆开业,它是威尼斯的第一家咖啡馆,渐渐地,威尼斯人习惯了喝咖啡。随后的30年里,威尼斯有两百多家咖啡馆相继开业,这些咖啡馆大多数服务于中产阶级,也有富人专享的。佛罗莱恩就是一家富人咖啡馆。

意大利人喜欢快速地喝咖啡,大大充实了世界咖啡文化。在的里雅斯特的意大利咖啡馆,咖啡调配师最拿手的是卡布奇诺。这种咖啡,与圣方济会修道士所穿长袍和头巾的颜色相似,圣方济会修道士在当地语言中,发音接近"卡布其",这种咖啡因此得名。

欧洲其他地区的人们研制出不同的咖啡制作体系,对于急躁的意大利人来说,这些方式都太耗时。那不勒斯人很没有耐心,有人会说:"听着,能不能快点,我得等六、七分钟才能喝到咖啡,在上面加点压力如何?"加了压力的咖啡,就成了意大利浓缩咖啡的起源。意式浓缩咖啡的口味浓烈,气味浓郁,流体浓稠,而咖啡因含量却很少,因为从咖啡豆中萃取咖啡因的时间较短。制作浓缩咖啡,讲究把美味物质凝炼于杯中,同时将残渣抛弃,控制萃取时间是关键,这就意味着只能达到大约1.5盎司[①]。因此,意式浓缩咖啡必须使用小杯来装,想换大杯加更多的水,这样只会破坏浓缩咖啡的完美口味。意式浓缩咖啡充满矛盾、意味深长,它口味浓郁,气味浓厚,咖啡因含量却很低,因此意大利人能喝下十杯浓缩咖啡,也不足为奇,但意大利人来到美国,点上十杯美式咖啡,那就站不稳了,因为美式咖啡中含有大量的咖啡因。

---

① 1盎司(oz)=28.3495231克(g)

第二专题　咖啡的起源与历史(下)

学习目标

1. 掌握咖啡在全世界的传播轨迹等知识点。
2. 掌握咖啡在全世界的演变过程等知识点。

视　频

咖啡的传播轨迹

(四) 从意大利到法国

咖啡馆是艺术家和知识分子的乐园。这里释放出的咖啡因,给大量的想象和创新观点带来灵感。法国小说家巴尔扎克,在一个咖啡馆里写小说,每天要喝下 40 杯咖啡,灵感如火花般在大脑中闪现,他说道:“暗喻如骑兵般列队狂奔。”

法国人对咖啡一见倾心,却并不知道如何泡制咖啡,意大利人普罗科皮奥·德·科特勒抓住了这个机会。1686 年,他开了一家名为普各伯的咖啡馆,成为法国第一家咖啡馆。首先接受这种新时尚的是女士们,她们来喝茶、喝咖啡,吃点巧克力和小点心。其中最有名的是土耳其糕点,也就是最早的可颂面包,这个名字源于土耳其的新月形标志。经常光顾咖啡馆的有上流社会中的贵族,也有喜欢流连时尚场所的人,包括一些男士,因为这里有很多美丽的女人。这样,咖啡社交就产生了。

(五) 在英国的传播

许多人都说自己开设了英国最早的咖啡馆,然而事实上,这一殊荣应该归属于一位来自黎巴嫩的犹太移民,他在英国开了一家叫“天使”的咖啡馆,随后咖啡馆就像一股洪流,席卷泛滥整个国家。印象中,英国人更喜欢喝茶,但他们却成为咖啡的拥趸。到 18 世纪,仅伦敦就有 2000 家风格迥异的咖啡馆,作家喜欢去这家,银行家喜欢去那家,而航海家可能有另一去处。这里是知识分子的培育基地,被称为“便士大学”,因为只需要花一便士买咖啡,你就可以畅所欲言。

(六) 从欧洲传到美洲

17世纪时,欧洲每年消耗227吨咖啡,100年后,消耗量激增到4.5万多吨,同时法国人迫切需要扩展贸易。当一位年轻的法国中尉,与一位国王情妇情投意合,咖啡的机会来了。中尉德克鲁得到了一棵咖啡树苗,这棵咖啡树苗属国王所有,中尉引诱了国王的情妇,得到了这棵咖啡树苗。加布里尔·马修·德克鲁,带着咖啡树苗漂洋过海,穿过大西洋,他耐心地培育咖啡树苗,用自己的配水来浇灌咖啡树苗,保护它不让其他嫉妒的游客抢到,或受其他祸害。最终,这棵咖啡树苗成功种植在了马提尼克岛,咖啡树逐渐繁茂。如今,大部分生长在拉丁美洲的咖啡树,有可能都是源自这一棵。

像其他欧洲国家一样,法国也建立了庞大的奴隶种植园,培育珍贵的咖啡豆。

德克鲁将咖啡树引进马提尼克岛后,咖啡树迅速在法属殖民地传播,其中一支就是圣多明哥,这就是现在的海地。直至1790年,世界上一半的咖啡都生长在这个岛上,这背后是非洲奴隶的辛勤耕耘。他们的劳动条件骇人听闻。1791年,不堪忍受的奴隶们起义了。他们做的第一件事就是摧毁所有的糖和咖啡种植园。海地也因此成为西半球最贫穷的国家。奴隶斗争持续了十二年,因为无法夺回海地,拿破仑动用了军队镇压起义,最终却以失败告终。这是历史上规模最大、最成功的奴隶起义。当拿破仑获悉军队失败时,他狂怒无比,大声咒骂:"该死的殖民地,该死的咖啡!"颇具讽刺意味的是,1791年奴隶起义的原因就是两年前法国革命的爆发。很大程度上而言,法国革命是在咖啡馆里酝酿的,咖啡激励着人们思考并策划革命,咖啡为欧洲带来了革命,另一方面奴隶则因此被迫种植咖啡而发动了起义。

只要有咖啡引进的地方,就会发生革命或变革,咖啡给欧洲带来了愉悦,却给非洲带来了巨大伤害,咖啡来自非洲,而非洲人却成为咖啡种植园的奴隶。神奇的咖啡豆将点燃大洋对面的世界,改变美洲大陆的经济、生态和政治。

考核指南

基础知识部分

1. 咖啡在世界上传播的轨迹

2. 咖啡在全世界的演变过程

第二模块　咖啡馆的筹建与经营

学习目标

1. 掌握咖啡馆筹建与经营的阶段性任务。
2. 熟练掌握咖啡馆筹建与经营的技巧。
3. 具备咖啡师咖啡制作操作技能及服务素养能力。

视　频

第一专题　咖啡馆的筹建与经营(上)

让我们把时光倒流到20多年前，1997年的北京，第一家"雕刻时光"在北京大学东门的成府街开业，售卖现磨咖啡，开启了中国大陆咖啡馆经营的历史。

同年，来自宝岛台湾的"上岛咖啡"进入海南，以连锁加盟方式迅速扩张；1999年，"星巴克"进入中国大陆市场，从而开启咖啡品牌的扩张之路。

20多年后的今天，无论是"雕刻时光"，还是"上岛咖啡"或者"星巴克"，无论是本土品牌还是外来品牌，这些中国咖啡馆行业的探路者，均在中国咖啡业市场中占领了相应的地位和份额。而咖啡馆也越来越不仅仅是一个喝咖啡的地方，这里有青春，有梦想，有生活的积淀，还有对未来的憧憬。

那么，今天我们就来谈谈关于咖啡馆的筹建。

咖啡馆筹建的步骤

很多朋友都希望开一家充满自己理念的咖啡馆，那么开一家咖啡馆需要注意哪些问题呢？

本模块将从开店前的准备、开店筹建以及开业后的注意事项三个方面展开。

(一) 准备阶段

第一阶段是准备阶段，具体包括：思想、技术、行动以及资金。很多朋友会将注意力集中于技术上的准备，比如参加培训等。其实，除了技术准备外，思想上的准备也是至关重要的。很多人认为开一家咖啡馆很容易，只要找个店面，弄点设备，会做咖啡即可，其实不然。咖啡馆的形式多样，很多咖啡馆业主前赴后继进入这个行业，结果以失败告终。如何成功地开设一家咖啡馆，以及如何良性地运作，需要考虑很多环节。我们这里以独立咖啡馆为例，它区别于连锁咖啡馆，需要主人花不少时间和精力在它的经营管理上，它没有连锁企业的标准化和企业化运作，也不像连锁企业那样一切都有经营团队在运行。所以必须在思想上做好充分准备，包括投资回报、时间以及可能承受的压力等，要避免创业方面的盲目和冲动。咖啡馆作为餐饮企业的顶层分类，具备一定的技术含量，以及特殊的市场群体，所以前期的准备工作必须到位。

(二) 开店筹建阶段

第二阶段是开店筹建阶段，主要包括两个方面。

1. 选址及租金

选址与租金是相辅相成的，如果位置好，其租金必然是高的，如果位置比较偏僻，租金相对来说就比较低。但另一方面，租金又占据了咖啡馆经营管理成本的较大比例，所以对于独立咖啡馆而言，选址应考虑在广场周边或商业体周边，相对来说房租较为合适，既兼顾房租成本又考虑到人流量及辐射。

另外，还需要遵循一个原则，即“房租上限原则”。所谓“房租上限原则”，就是根据开店者的经济实力及咖啡馆定位，从而限定一个房租的上限。比如说，房租上限为每月 3000 元，那么就需要寻找这个目标的地段及店面，事先做好成本控制。如果这个地段的租金每月是 100 元/平方米，那么我们只能租用 30 平方米的店面；如果每月是 30 元/平方米，那我们就可以租用 100 平方米的店面。这样，就可以在成本上进行一定的控制，并在此基础上，进一步控制人工成本及其他的经营成本，并且注意将房租控制在整个成本结构的 10%—15%。

2. 装修及风格定位

在装修预算方面，我们建议不可超过 2000 元/平方米，并且作为一个独立咖啡馆，尽量在装修设计方面彰显个性化和独特性，避免连锁咖啡馆的一些过于商务化的“硬性”设计风格。有很多朋友会问：做咖啡馆是否需要主题？其实不需要特意强调“主题”，你喜欢什么，大体的思路下来就会自然而然地形成一个“主题”，因为很多装修脱离业主的喜好太远，就无法较好地表达业主的思想和风格，当然对于市场群体的需求及风格取向也需要关注，不能出现过于另类、怪异的主题。在装修中，需要注重人文

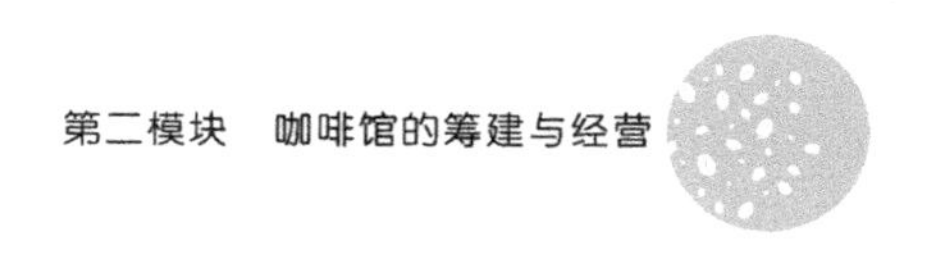

化，如果条件允许，咖啡馆的平面图最好由咖啡馆的主人亲自设计，一方面可以将个人的理念贯穿进去，另一方面也可以很好地把握咖啡馆的布局。

装修完毕后，我们就可以展开后续的“设施设备采购”“菜单制定”“店面招牌”以及“宣传单”等一系列的准备，这样就完成了开店筹建工作。

第二专题　咖啡馆的筹建与经营(下)

咖啡馆筹建的步骤

(三) 开店后的注意事项

具体包括：门店管理、企业文化制定及宣传、产品结构调整以及服务质量管理。

1. 门店管理

门店管理中较为重要的是清洁和整理工作。“清洁”工作涉及食品安全卫生以及咖啡师的基本素质等问题，一个咖啡师必须具备“清洁”意识；关于“整理”，一个独立咖啡馆不可避免地需要涉及到设施设备、装饰物品的摆放和整洁，避免杂乱无章。另外一个理念就是需要注重食品的过期问题，这在咖啡馆的经营管理中也至关重要，直接影响到产品的品质保障问题。

2. 企业文化及宣传

首先是员工的定位，比如说“星巴克”的企业文化，员工之间是伙伴关系，而我们强调的是既需要一定的规章制度，保证运作经营的规范有效，又需要团结协作精神支撑企业文化。接下来就是宣传，这方面需要两个支撑点。一是“硬宣传”，即传统的媒体宣传；二是“软宣传”，包括自媒体以及企业网站、公众号的开发。当然，这其中的创新创意、工艺开发也是一种宣传。

3. 产品结构的调整

作为一家独立咖啡馆，需要对产品结构进行相应的调整。可以是对咖啡消费者进行市场细分，从而确定咖啡的产品结构；也可以是以咖啡产品为主，并配上其他的辅助产品，比如茶、果汁、冷饮以及轻食、主食等产品结构的调整。

4. 服务质量管理

作为独立咖啡馆，服务质量的标准化建设至关重要。之前一直有一个误区，认为“个性”和“随性”就是独立咖啡馆的特色，其实不然。当咖啡馆走上运营的正轨之后，服务质量应遵循“标准化服务”基础之上的“个性化服务”，可以通过制定《标准化工作手册》来实行，并强调服务理念的重要性，通过一些个性化的特色服务来引导顾客进行消费，并逐渐形成特有的顾客群体，实现服务品质保障。

5. 需要拓展咖啡馆经营理念

之前，业界把咖啡馆定位为饮料店，后来定位为餐饮店，现在慢慢地趋向于“咖啡文创店”，即将文化创意理念融于咖啡馆的运营。鉴于咖啡馆的文艺性、文化性以及创意作用，并且也是年轻人休闲聚集之地，所以咖啡馆承载了很多文化创意集聚地的作用和功能，这在国家经济的转型升级发展中也起到一定的促进作用，日本的文创咖啡馆就做得比较出彩。所以我国咖啡馆的经营理念也需要不断拓展和转型，这样才能符合时代发展的需要，将咖啡文化不断承载、延续并发扬光大。

考核指南

(一) 基础知识部分

1. 咖啡馆筹建与经营的几大步骤

2. 咖啡馆筹建与经营过程中需要注意的问题

(二) 操作技能部分

设计一份主题咖啡馆的筹建方案，要求兼顾开店前准备、筹建阶段以及开店后注意事项三大阶段的任务要点，并突出设计者的主题理念。

习题

1. 星巴克于(　　)年进入中国大陆市场。

A. 1998　　B. 1999　　C. 2000　　D. 2001

2. 开一家咖啡馆，需要做一系列的准备，具体包括以下因素，除(　　)以外。

A. 技术　　B. 思想　　C. 资金　　D. 店址

3. 开店筹建阶段的首要因素是(　　)。

A. 选址及租金　　B. 筹资及融资

C. 员工招聘　　D. 制度订立

4. 独立咖啡馆的选址首要因素是(　　)。

A. 地段　　B. 租金　　C. 交通　　D. 面积

5. 在租金方面的考虑，我们需要遵循（　　）原则。

A. 租金底限　　B. 租金范畴　　C. 租金首选　　D. 租金上限

6. 独立咖啡馆房租应控制在整个成本结构的（　　）。

A. 5%—10%　　B. 10%—15%　　C. 15%—20%　　D. 20%—30%

7. 独立咖啡馆的人工成本控制在整个成本结构的（　　）。

A. 5%—10%　　B. 10%—15%　　C. 15%—20%　　D. 20%—30%

8. 独立咖啡馆的物料成本控制在整个成本结构的（　　）。

A. 5%—10%　　B. 10%—15%　　C. 15%—20%　　D. 20%—30%

9. 咖啡馆因其特殊性，在装修上应遵循（　　）原则。

A. 走文艺复古范　　B. 统一风格装修　　C. 整体装饰包装　　D. 轻装修重装饰

10. 在咖啡馆装修方面应避开（　　）。

A. 另类、非主流　　B. 文艺　　C. 小清新　　D. 商业

11. 开店后需要注意的事宜有如下几项，除（　　）以外。

A. 门店管理　　B. 企业文化的设立

C. 产品结构的维护　　D. 服务质量的管理

12. 独立咖啡馆的门店管理首要工作是（　　）。

A. 清洁和整理　　B. 广告和宣传

C. 招聘和培训　　D. 产品研制和开发

13. 咖啡馆的营销手段建议可通过下列渠道开展，除（　　）以外。

A. 微信、微博、公众号　　B. 报纸、户外广告

C. 公益活动开展　　D. 自媒体、新媒体

14. 咖啡馆的产品结构需要进行（　　）。

A. 维持　　B. 保持　　C. 优化　　D. 改变

15. 独立咖啡馆的服务质量管理强调（　　）。

A. 走个性化道路　　B. 走非主流道路

C. 走小资另类道路　　D. 标准化基础上的个性化

16. 下列描述中正确的是（　　）。

A. 独立咖啡馆的经营理念需要拓展和延伸

B. 独立咖啡馆的经营理念需要保持

C. 独立咖啡馆的经营理念需要保持标准化风格

D. 独立咖啡馆的经营理念需要向品牌连锁咖啡企业看齐

17.（　　）是咖啡馆开馆的第一要义。

A. 特色　　B. 品牌　　C. 清洁　　D. 小资

18. 在咖啡馆的企业文化塑造中，需注意以下要素，除（　　）以外。

A. 员工定位　　B. 团队风格　　C. 经营风格　　D. 盈利模式

19. 独立咖啡馆营销手段采用“软广告”的主要原因为下列因素，除（　　）以外。

A. 成本低　　B. 目标市场确定

C. 新兴营销手段　　D. 与咖啡馆风格相一致

20. 咖啡馆最本质的营销是（　　）。

A. 各种营销手段的应用　　B. 营销创意

C. 营销平台　　D. 产品本身

第三模块　咖啡豆烘焙与研磨

第一专题　咖啡豆的品种

掌握咖啡豆的种类、不同分类标准及世界著名咖啡豆等知识点。

咖啡豆的种类

在第一模块中，我们通过学习“咖啡的起源与历史”模块，了解了咖啡文化在全世界传播的轨迹，知道了咖啡豆从非洲的埃塞俄比亚到阿拉伯世界，再传播到小亚细亚的土耳其、意大利、法国、英国等欧洲国家以及美洲的传播轨迹。在这一模块中，我们将一起学习咖啡豆的种类、特色及其特有的产区，以及不同种类的咖啡豆在制作咖啡时的用途，从而更好地解读咖啡文化以及咖啡制作技艺的精粹之处。

目前全世界已知咖啡树的种类有数十种，但主要有三大原种——阿拉比卡、罗巴斯达以及利比里亚种（见图 3.1.1）。因为品质与产量的因素，又以前两种最常见，其各自又可再细分为更多的品种分枝。

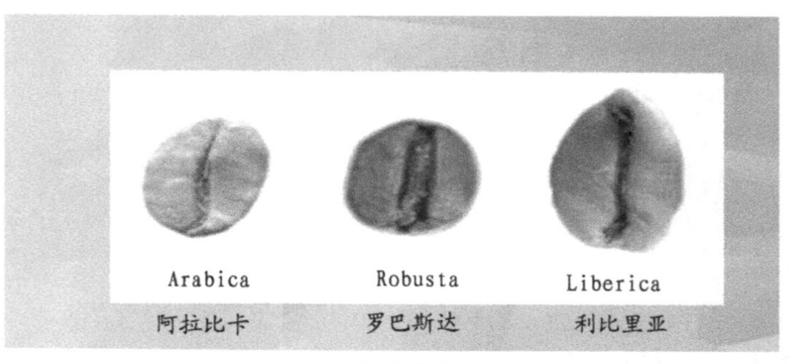

图 3.1.1　三大咖啡豆原种

(一) 阿拉比卡(Arabica)

又称阿拉伯品种，因其原产自阿拉伯半岛而得名，其咖啡因含量为1%—1.7%，只有罗巴斯达种的一半，因此也较为健康。其分支包括第皮卡、波旁、牙买加蓝山等。阿拉比卡多生长在海拔900—2000米的高度之间；较耐寒，适宜的生长温度为15—24℃；需较大的湿度，年降雨量不少于1500毫升；同时，对栽培技术和条件的要求也较高，不过由于其具有生长速度快、品质细腻、风味浓醇等特点，一直是世界产销量最大的品种，约占全世界产量的70%。

阿拉比卡咖啡最大的产地是南美地区。巴西、哥伦比亚、牙买加等全世界最主要的咖啡产地，所出产的品种就是阿拉比卡。另外在埃塞俄比亚、坦桑尼亚、安哥拉、肯尼亚、巴布亚新几内亚、夏威夷、菲律宾、印度、印度尼西亚等地也有大面积种植。

(二) 罗巴斯达(Robusta)

原产地为非洲刚果，有较强的苦味，香味差，无酸味，其风味比阿拉比卡种来得苦涩，品质上也逊色许多，再加上价格低廉，所以大多用来制造速溶咖啡或拼配咖啡。罗巴斯达的咖啡因含量为2%—4.5%，约为阿拉比卡种咖啡的1倍。罗巴斯达多种植在海拔200—600米的低地，喜欢温暖的气候，温度以24—29℃为宜，对降雨量的要求并不高，但是该品种要靠昆虫或风力传授花粉，所以，咖啡从授粉到结果要9—11个月的时间，相比阿拉比卡种要长。

罗巴斯达主要种植于东南亚地区、非洲中西部地区以及巴西地区，目前产量约占世界总产量的1/3。由于该品种对环境适应力强，不易受病虫害侵袭，易于管理，价格低廉，因此产量有逐年增长的趋势。

(三) 利比里亚(Liberica)

产地是非洲的利比里亚，它的栽培历史比其他两种咖啡树短，所以栽种的地方仅限于利比里亚、苏里南、盖亚那等少数几个地方，因此产量不到全世界产量的5%。利比里亚咖啡适合种植低地，所产的咖啡豆具有极浓的香味及苦味，品质较前两种咖啡都逊色不少。

咖啡豆分类(产地分类)

在咖啡世界里，除了以咖啡豆的品种来细分咖啡豆种类外，我们通常也根据咖啡产地的不同将咖啡豆进行分类。

要了解生产咖啡的国家和地区，最实用的方法，就是将他们分为世界三大主要咖啡栽培生长地区：非洲、印度尼西亚群岛及中南美洲(见图 3.1.2)。

一般来说，邻近生长的咖啡都有相似的特色。如果一个特定的豆子缺货，制造综合咖啡的厂商买家，一般就会找附近的国家。做综合咖啡产品的商家会说："我想用一个'中'的。"这表示要清淡可口、充满活力的中美洲的豆子。又或许加个"非洲"更有滋味，非洲是长满野味豆子的土地。又譬如用"印度尼西亚"豆子作为基础，因为没有其他的豆子像它那般富有威力、饱满的口感。

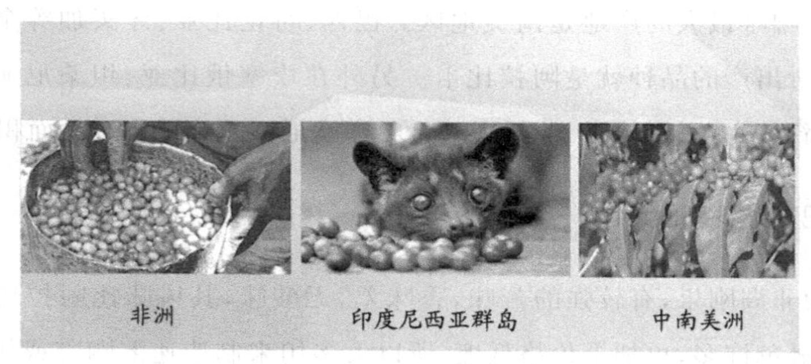

图 3.1.2　世界三大咖啡栽培生活地区

咖啡豆依据生长地区的不同而产生味道上的差异性。影响味道的因素是咖啡树的品种类别、生长的土壤性质、栽培园的气候及海拔、采摘成果的谨慎以及豆子处理的过程等。这些要素依地区而异，而烘焙商及综合厂商寻找各区域的特性，使综合品有其独特的典型风味。你可以尝试追求自己梦想的咖啡。

(一) 北美洲地区

古巴：古巴水晶山咖啡(Cubita Coffee)

在古巴，咖啡的种植是由国家管理的。古巴最好的咖啡种植区位于中央山脉地带。因为这片地区除了种植咖啡外，还出产石英、水晶等珍贵矿物，所以又被称为水晶山。水晶山与牙买加的蓝山山脉地理位置相邻，气候条件相仿，水晶山咖啡品味与蓝山咖啡相似，可媲美牙买加蓝山。所以古巴水晶山成了可以和牙买加蓝山相比较的对象，水晶山又被称为"古巴的蓝山"。

古巴水晶山代表咖啡是 Cubita，中文名为琥爵咖啡。在咖啡行业同样具有很高的声誉，古巴水晶山咖啡世界排名在前几位，Cubita 坚持完美咖啡的原则，只做单品咖啡，咖啡豆的采摘以手工完成，加上水洗式处理咖啡豆，确保了咖啡的质量。Cubita 咖啡豆像一个优雅的公主，拥有高贵、柔情、优雅的特性。平衡度极佳，苦味与酸味很好地配合，在品尝时会有细致顺滑、清爽淡雅的感觉。目前，水晶山 Cubita 咖啡就是顶级古巴咖啡的代名词(见图 3.1.3)。

图 3.1.3　古巴水晶山咖啡

Cubita 成为古巴大使馆的指定咖啡，被称为“独特的加勒比海风味咖啡”“海岛咖啡豆中的特殊咖啡豆”。

(二) 非洲地区

1. 科特迪瓦

对于仅次于巴西、哥伦比亚的世界第三大咖啡生产国，有人说是科特迪瓦，也有人说是印度尼西亚。但可以确定的是科特迪瓦的罗巴斯达原种生产量占全世界第一位。

主要产地在南部地区，生产罗巴斯达原种的中型咖啡豆(见图 3.1.4)。

图 3.1.4　科特迪瓦咖啡

2. 埃塞俄比亚

埃塞俄比亚是拥有堪称咖啡原产地历史和传统的农产国。西南部的卡法被视为“咖啡”名称由来的所在地，南部的希塔摩地方则是主要产地，东部高地哈拉，也和“哈拉”咖啡一样有名(见图 3.1.5)。

图 3.1.5　埃塞俄比亚咖啡

3. 也门

在咖啡界有一个说法，认为咖啡是被人由埃塞俄比亚带到也门后，以此为据点，才传播到世界各地去(见图 3.1.6)。因为是阿拉比卡原种名的发祥地，又曾因所生产的摩卡咖啡而名噪一时，也门在咖啡发展历史上具有举足轻重的地位，但如今以不再现当年的盛况。

图 3.1.6　也门咖啡

(三) 亚洲地区

1. 印度

西南部的卡尔纳塔卡州是主要产地，咖啡豆颗粒属于大粒形。东南部塔米尔纳得州产的咖啡豆，颗粒虽小，却是印度的高级品(见图 3.1.7)。

图 3.1.7　印度咖啡

2. 印度尼西亚

印度尼西亚的咖啡(见图 3.1.8)产地主要限于爪哇、苏门答腊、苏拉威西三个小岛。罗巴斯达原种占其咖啡产量的九成。

爪哇岛上生产的少量阿拉比卡原种咖啡豆，颗粒小，是一种具酸味的良质咖啡豆。此岛上的阿拉比卡原种，曾是世界级的优良品，但 1920 年因受到大规模病虫害侵袭，而改种罗巴斯达原种，到如今它所产的罗巴斯达原种咖啡豆，堪称世界首屈一指、具个

图 3.1.8　印度尼西亚咖啡

性化苦味的"爪哇"咖啡豆，被广泛用来制作混合咖啡豆。

苏门答腊岛上产的"曼特宁"，是极少数的阿拉比卡种，颗粒颇大，但生产管理是否理想及烘焙的好坏都会马上反应到咖啡豆上，所以会受到一些批评，但是来自东洋的丰富醇厚、如糖浆般润滑的口感，使它在蓝山未出现前，曾被视为极品，至今仍有很多人喜爱它，并且爱不释手。"安卡拉"是一种小粒又带圆点的咖啡豆，是代表印度尼西亚的咖啡。

印度尼西亚是个咖啡产量大国。咖啡的产地主要在爪哇、苏门答腊和苏拉威，罗巴斯达种类占总产量的 90%。而曼特宁则是少数的阿拉比卡种。曼特宁的颗粒较大，豆质很硬，栽种过程中出现瑕疵的比率较高，采收后通常要人工挑选，如果管控过程不够严格，容易造成品质良莠不齐，加上烘焙程度不同也直接影响口感，因此成为争议较多的单品。在蓝山还未被发现前，曼特宁曾被视为咖啡的极品，因为它丰富醇厚的口感，不涩不酸，醇度、苦度可以表露无遗；中度烘焙则会留有一点适度的酸味，别有风味；如果烘焙过浅，会有粉味和涩味。

(四) 中南美洲地区

1. 墨西哥

咖啡生产地集中在较靠近危地马拉的南部地方，东西侧都有山脉贯穿，使它的山岳倾斜地，成为咖啡的理想栽培地形，咖啡栽种情形尚称普遍(见图 3.1.9)。

由高地其依序分类为阿尔德拉、普利玛，拉巴德、巴恩拉巴德三种标高产咖啡。咖啡豆大小由中粒到大粒都有，外观、香味都大致良好。

图 3.1.9　墨西哥咖啡

2. 牙买加

因咖啡而声名大噪，成为世人话题的牙买加岛，是位于加勒比海的一个小共和国。贯穿此岛的山脉斜坡，是牙买加咖啡主要产地，最有名的是蓝山(Blue Mountain)，位于首都金斯敦东北部，秀丽的蓝山连峰是绝佳的咖啡栽培地，以最高峰 2256 米蓝山山系来命名，号称咖啡中的极品"蓝山咖啡"(见图 3.1.10)。颗粒大、质量佳、味道调和，同时兼具适当的酸、苦、香、醇、甜味，是全世界公认的极品，通常都附上精致工厂特别的标志和保证书，然后装入类似大型啤酒木桶的大桶内出口。有 No.1、No.2、No.3、圆豆等等级。

图 3.1.10　牙买加咖啡

蓝山咖啡，产于牙买加西部的蓝山山脉，并故此得名。蓝山是一座山脉，海拔 2256 米，咖啡树栽种在海拔 1000 米左右的险峻山坡上。蓝山咖啡年产量只有 700 吨左右。蓝山咖啡豆形状饱满，比一般豆子稍大。酸、香、醇、甘味均匀而强烈，略带苦味，口感调和，风味极佳，适合做单品咖啡。由于产量少，市场上卖的大多是“特调蓝山”，也就是以蓝山为底再加上其他咖啡豆混合的综合咖啡。

3. 巴西

巴西，一个可将其誉为“咖啡大陆”的世界最大咖啡生产输出国家(见图 3.1.11)。由于广大国土中约有 10 个州在大量生产，所以为了弥补地域差距和质量差距，巴西设定自成一格的分级基准，以求品质的安定化。所生产的质量都很好，自古便被视为混合时不可或缺的咖啡豆，加工处理也较容易进行，广泛地受到世人喜爱。尤其是以满足巴西山多士，质量类似 No.2、Screen18、Screen19，味道柔和这几个条件的咖啡豆，最受好评，并且被使用得最为广泛。巴西是世界上最重要的咖啡产地，总产量占全世界的 1/3，巴西有 10 个州产咖啡豆，由于地域和气候的差异，品质难免良莠不齐，因此，巴西咖啡豆按等级分为 No.1、No.2、No.3、Screen 18、Screen 19，以求品质的整齐稳定，加工烘焙时也能有较好的效果。巴西咖啡的香、酸、醇都是中度，苦味较淡，以平顺的口感著称。在各类巴西咖啡品种中，以 Santos Coffee 较著名。Santos Coffee 品质优良、口感圆润、带点中度酸，还有很强的甘味，被认为是做混合咖啡不可缺少的原料。

图 3.1.11　巴西咖啡

4. 哥伦比亚

仅次于巴西的世界第二大咖啡生产国，是生产“Colombian Mild”咖啡产品国家中的龙头老大。产地名已成为广为人知的咖啡名称，比如说美得宁、马尼萨雷斯、波哥塔、阿尔梅尼亚等都各有各的风评。咖啡豆是淡绿色的大粒型，具特有的厚重味，不管是当纯咖啡，或是混合咖啡都非常适合。

哥伦比亚是世界上第二大咖啡生产国，生产量占世界总产量的12%，仅次于巴西，而在生产Colombian Mild国家中占第一位。哥伦比亚咖啡树均栽种在高地，耕作面积不大，以便于照顾采收。采收后的咖啡豆，以水洗式(湿法)精制处理。哥伦比亚咖啡豆品质整齐，堪称咖啡豆中的标准豆。口感则酸中带甘、低度苦味，随着烘焙程度的不同，能引出多层次风味。中度烘焙可以把豆子的甜味发挥得淋漓尽致，并带有香醇的酸度和苦味；深度烘焙则苦味增强，但甜味仍不会消失太多。一般来说，中度偏深的烘焙会让口感比较有个性，不但可以作为单品饮用，做混合咖啡也很适合。

5. 夏威夷

夏威夷的科纳咖啡所使用的咖啡豆是在火山地形之上栽培的(见图3.1.12)。同时有高密度的人工培育农艺，因此每粒豆子可以说是“娇生惯养”，身价自然不菲，价格上仅次于蓝山。夏威夷科纳咖啡豆豆形平均整齐，具有强烈的酸味和甜味。口感湿顺、滑润。中度烘焙则使豆子产生酸味，偏深度烘焙则使苦味和醇味都加重。这种咖啡豆生长的高度从海平面到1800多米。极品咖啡一般只在山脉的地区生长，生长的高度大约在1200—1800米，需要年降雨量大约在24米，而且干季与湿季的需要非常明显。极品咖啡豆生长的土质要求非常肥沃，而且通常有火山岩质，浅云或阴天的天气，如此高质量的咖啡豆生长环境也是必需的。白天时的气温需要15—20℃。这种气候会形成一个更长的生长过程，独特的成长及气候环境，从而使得更为浓郁的咖啡口味产生。

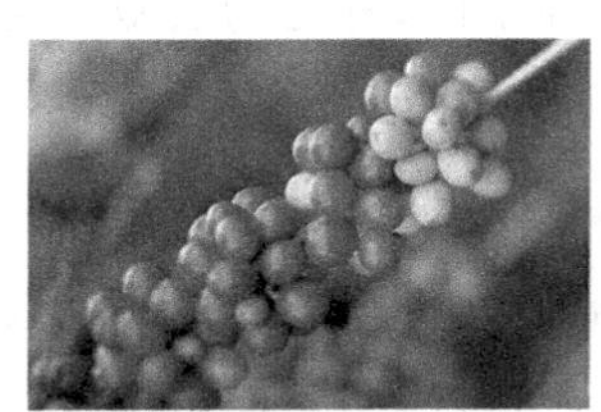

图3.1.12 夏威夷咖啡

咖啡豆分类(植物学分类)

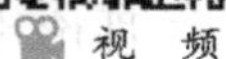

关于咖啡豆的种类,有时,我们也会从咖啡树种等植物学角度进行归类。

咖啡树属茜草科的常绿乔木(见图 3.1.13),茜草科植物自古以来便是以含特殊药效的植物居多,被视为疟疾特效药的奎宁树,以及治疗阿米巴痢疾的吐根便是。而咖啡被定位为最独特的生物碱饮用植物群。

图 3.1.13　咖啡树

图 3.1.14　咖啡果实

一般在播种 2—3 年后,咖啡树可长至 5—10 米,但为防止咖啡豆失去香气、味道变差,以及采收方便,农民多会将其修到 1.5—2 米。播种后 3—5 年便开始结果。第五年以后的 20 年内均为采收期。

咖啡树常绿的叶片,叶端较尖,而且是两片相对成组。叶片表面呈现深绿色,背面呈浅绿色,开的花则成纯白色。花内有雄蕊五根,雌蕊一根,花瓣一般是五瓣,但有的则为六瓣,甚至八瓣,开的花会发出茉莉般的香味,但花期较短,约三四天便会凋谢。结的果刚开始为和叶片表面相同的深绿色,待越来越成熟后,便会变成黄色,再变成红色,最后转为深红色。

咖啡果实是由外皮、果肉、内果皮、银皮和被上述几层包在最里面的种子(咖啡豆)所构成,种子位于果实中心部分,种子以外的部分几乎没有什么利用价值(见图 3.1.14)。一般果实内有一双成对的种子,但偶尔有果实内只有一个种子的,称之为公豆。为表示对称,我们便称有一双成对种子的果实为母豆。咖啡属植物至少也有四十多个"种",其中较实用的栽培种是三原种:高原栽培、低地栽培、最低栽培。

南北回归线的环状地带,我们称之为 Coffee Zone 或 Coffee Belt。因为该区内较多部分富含肥沃有机质,还有火山灰质土壤,平均气温在 20℃左右,平均年降雨量在 1000—2000 毫米之间,年内无较大温差,故而成为理想的咖啡生产地。栽种咖啡得严防寒气、干热风、霜降的侵害。

咖啡豆分类(味觉分类)

那么了解了咖啡树种的分类后，我们来看看还有哪些咖啡豆的分类方法呢？用咖啡的味觉来进行分类也是一种常见的方式。

(一) 酸味咖啡豆

摩卡、夏威夷酸咖啡、墨西哥、危地马拉、哥斯达黎加高地产、乞力马扎罗、哥伦比亚、津巴布韦、萨尔瓦多、西半球的水洗式高级新豆都属于酸味豆。

(二) 苦味咖啡豆

爪哇、曼特宁、波哥大、安哥拉、刚果、乌干达的各种旧豆属于苦味咖啡豆。

(三) 甜味咖啡豆

哥伦比亚美特宁、委内瑞拉的旧豆、蓝山、乞力马扎罗、摩卡、危地马拉、墨西哥、肯尼亚、山多士、海地产的咖啡豆都属于甜味咖啡豆。

(四) 中性味咖啡豆

巴西、萨尔瓦多、低地哥斯达黎加、委内瑞拉、洪都拉斯、古巴等地产的咖啡豆属于中性味的咖啡豆。

(五) 香醇味咖啡豆

哥伦比亚美特宁、摩卡、蓝山、危地马拉、哥斯达黎加等地区所产咖啡豆均属于香醇味咖啡豆。

一般来说，酸味系的咖啡豆，尤其以高质量的新豆居多，烘焙程度最好浅些，而苦味系则烘焙程度要深些，然后甜味系则多属高地产水洗式精选豆，烘焙往往是决定它能否在融入柔和的苦味后，被人品尝出来的关键。而中性味的咖啡豆，就算不是高地产，也得要有均衡质量的稳定处理，才能产生香、醇效果。

世界著名咖啡豆

(一) 巴西山多士咖啡

首先介绍世界最大咖啡生产国巴西所生产的著名咖啡——巴西山多士咖啡(见

图 3.1.15)。

正如同咖啡、足球及桑巴是巴西的代表,巴西山多士咖啡更可以说是巴西咖啡代表中的代表了。“山多士”是船运咖啡的港口名,首都圣保罗州四周山谷区所种植的最优质咖啡都以山多士港为集中地,它代表的是巴西优质咖啡的品牌。

一个被誉为“咖啡大陆”的世界最大咖啡生产输出国,巴西的咖啡产量约占世界咖啡所有产量的一半。尤其以从圣保罗州的山多士港出口的巴西山多士(Brazil Santos)最为闻名,No.2 、Screen 18—19 为标准品,在巴西为最高等级,生豆颗粒豆粒大,呈淡绿或为淡黄色,一般几乎都是作为调配用,细致的香气,舒适温和的风味。酸味和苦味可借由烘焙来调配;中度烘焙香味柔和,味道适中;深度烘焙则有强烈苦味,适合调配混合咖啡。

图 3.1.15　巴西山多士咖啡

对于巴西山多士咖啡来说,并没有特别出众的优点,但是也没有明显的缺陷。这种咖啡口味温和而滑润、酸度低、醇度适中、有淡淡的甜味。这些味道混合在一起,要想将它们一一分辨出来,那可是对味蕾最好的考验,这也是许多巴西山多士迷们爱好这种咖啡的原因。正因为是如此的温和普通,所以巴西山多士咖啡适合最普通的烘焙,以及最大众化的冲泡方法。同时,平凡无奇的它也是制作意大利浓缩咖啡和各种花式咖啡最好的原料。山多士咖啡能在意式浓缩咖啡的表面形成金黄色的泡沫,并使咖啡带有微甜的口味。

巴西山多士咖啡,让人回味悠长!

(二) 哥伦比亚特级咖啡

世界第二大咖啡生产国哥伦比亚所生产的哥伦比亚特级咖啡(见图 3.1.16)。

哥伦比亚特级精品豆,是阿拉比卡咖啡种中相当具有传统代表性的一个优良品种,具有酸中带甘、苦味中平之良质特性,尤其异香扑鼻、风味奇佳,乃咖啡中之佼佼者。

图 3.1.16　哥伦比亚特级咖啡

哥伦比亚是继巴西后的第二大咖啡生产国，是世界上最大的阿拉比卡咖啡豆出口国，也是世界上最大的水洗咖啡豆出口国。哥伦比亚咖啡具有丝一般柔滑的口感，在所有的咖啡中，它的均衡度最好，口感绵软、柔滑，可以随时饮用，它获得了其他咖啡无法企及的赞誉，被誉为“绿色的金子”。

哥伦比亚咖啡年产量约占全球的12%，虽然远低于第一名巴西的30%—35%，但大部分都是高品质的高山水洗豆。其中中央山脉最有名的麦德林(Medellin)，有着厚重的质感、丰富的香味和平衡优美的酸味，而阿曼尼亚(Armenia)和马尼札雷斯(Manizales)则没那么好，但在市场上这三种会被看作是同一类豆子来流通，称作“MAM”。如果你买到一袋MAM，表示袋子里可能是这三种豆子中的任一种，它具有和麦德林类似的质感与香味，却没有那么酸。哥伦比亚咖啡主要依颗粒的大小分级，最高等的哥伦比亚豆为“特级”(Supremo)，次一等的则叫“特优级”(Extra)，不过在市场上这两级常常被泛称为同一等级，叫做特高级(Excelso)。

哥伦比亚咖啡是少数以自己名字在世界上出售的单品咖啡之一。它具有另一个很好听的名字，叫“翡翠咖啡”。哥伦比亚咖啡豆烘焙后会释放出甘甜的香味，具有酸中带甘、苦味中平的良质特性，因为浓度合宜的缘故，常被应用于高级的混合咖啡中。

哥伦比亚特级咖啡的酸、苦、甜三种味道配合得恰到好处。独特的香味，喝下去后，香味充满整个口腔。把口腔里的香气再从鼻子里呼出来，气味非常充实。或许你会嫌它太霸道，因为它会以最快的速度占据你的味蕾、你的思维甚至灵魂。为什么要抗拒它呢？我们所在的生活中，本来就充满了酸、甜、苦、涩，就让咖啡的香味把凡间所有的一切带走。我们所享受的并非只是一杯咖啡那样简单，还有咖啡所带给我们的宁静一刻。

(三) 印尼苏门答腊曼特宁

世界第三大咖啡生产国“亚洲之光”印度尼西亚苏门答腊岛生产的著名咖啡——苏门答腊曼特宁咖啡(见图3.1.17)。

图 3.1.17　印尼苏门答腊曼特宁咖啡

说到咖啡十大生产国，亚洲地区就占了三个：印度尼西亚、越南和印度，而中国的云南小豆，近年来也是愈来愈受国际市场的欢迎，有了较高的评价。

17 世纪，荷兰人把阿拉比卡咖啡树苗第一次引入到锡兰和印度尼西亚。1877 年，一次大规模的灾难袭击印度尼西亚诸岛，咖啡锈蚀病击垮了几乎全部的咖啡树，人们不得不放弃已经经营了多年的阿拉比卡，而从非洲引进了抗病能力强的罗巴斯达咖啡树。

今日的印度尼西亚是个咖啡生产大国。咖啡的产地主要在爪哇、苏门答腊和苏拉威，罗巴斯达种类占总产量的 90%。而苏门答腊曼特宁则是稀少的阿拉比卡种类。这些树被种植在海拔 750 米到 1500 米之间的山坡上，神秘而独特的苏门答腊种赋予了曼特宁咖啡香气浓郁、口感丰厚、味道强烈、略带有巧克力味和糖浆味的特质。

曼特宁咖啡豆的外表可以说是最丑陋的，但是咖啡迷们说苏门答腊咖啡豆越不好看，味道就越好、越醇、越滑。曼特宁咖啡被认为是世界上最醇厚的咖啡，在品尝曼特宁的时候，你能在舌尖感觉到明显的润滑，它同时又有较低的酸度，但是这种酸度也能明显地尝到，跳跃的微酸混合着最浓郁的香味，让你轻易就能体会到温和馥郁中的活泼因子。除此之外，这种咖啡还有一种淡淡的泥土芳香，也有人将它形容为草本植物的芳香。

苏门答腊曼特宁就像是一位醇厚的绅士，寓意着一种坚韧不拔和拿得起放得下的伟岸精神。它代表着一种阳刚，喝起来有种痛快淋漓、恣意汪洋、驰骋江湖的风光，这种口味让男人们心驰神往。

曼特宁一直都以最独特的苦表现它最独特的甜，仿佛生活。初尝它时，我们或许为之咋舌，放入再多的糖也掩盖不了那种苦味，但我们却控制不住自己而疯狂迷恋它所散发出的迷人香气，就像鲜花边上的荆棘，令人清醒自觉。

(四) 夏威夷科纳咖啡

由世界第一大咖啡消费国美国的夏威夷所生产的著名咖啡，也是美国唯一生产的咖啡——夏威夷科纳咖啡（见图 3.1.18）。

图 3.1.18 夏威夷科纳咖啡

夏威夷科纳咖啡是美国50个州中所出产的唯一顶级品种，美国本土自然是其最大的市场。夏威夷产的科纳咖啡豆具有最完美的外表，它的果实异常饱满，而且光泽鲜亮，是世界上最美的咖啡豆。咖啡柔滑、浓香，口味具有诱人的坚果香味，酸度也较均衡适度，就像夏威夷岛上五彩斑斓的色彩一样迷人，一样余味悠长。

蜚声世界的"夏威夷科纳"是香醇而酸的上等咖啡豆。科纳咖啡，种植在夏威夷西南岸、毛那罗阿火山的斜坡上。就风味来说，科纳咖啡豆比较接近中美洲咖啡，而不像印度尼西亚咖啡。它的平均品质很高，处理得很仔细，质感中等，酸味不错，有非常丰富的味道，而且新鲜的科纳咖啡香得不得了。如果你觉得印度尼西亚咖啡太厚、非洲咖啡太酸、中南美咖啡太粗犷，那么"科纳"可能会很适合你，它就像夏威夷阳光微风中走来的女郎，清新自然。

在夏威夷，你可以看着如火的夕阳沉入赤橙色的海面，感受着溢满花香的清新空气，同时坐在海边喝上一杯香浓的科纳咖啡。世界上恐怕没有哪个地方能提供给你这样的享受。

真正的夏威夷科纳咖啡让人享受独特的快意，这完全来自于最古老的阿拉比卡咖啡树。夏威夷是美国唯一种植咖啡的州，这些咖啡被种植在夏威夷群岛的五个主要岛屿上，它们是瓦胡岛、夏威夷岛、毛伊岛、考爱岛和毛罗卡岛。不同岛屿出产的咖啡也各有特色，考爱岛的咖啡柔和滑润、毛罗卡岛的咖啡醇度高而酸度低、毛伊岛的咖啡中等酸度但是风味最强。夏威夷人为他们百分百本土种植的阿拉比卡咖啡豆感到无比自豪。

考核指南

基础知识部分

1. 咖啡豆的种类

2. 咖啡豆不同分类标准及其具体划分

3. 世界著名咖啡豆及其特色

第二专题　咖啡豆的烘焙

学习目标

视　频

1. 掌握咖啡豆烘焙流程操作步骤。
2. 熟练掌握咖啡豆烘焙的制作技术。
3. 具备咖啡师咖啡制作操作技能及服务素养能力。

 烘焙机简介

首先，我们介绍一下烘焙机（见图 3.2.1）。在烘焙机的显示仪表上有三个数据，从上至下分别为“风门的温度”“锅炉的温度”以及“烘焙时间记录表”。不同的豆子都会有相对应的烘焙时间、烘焙温度及刻度，我们把这些信息称之为“咖啡豆的烘焙曲线”。

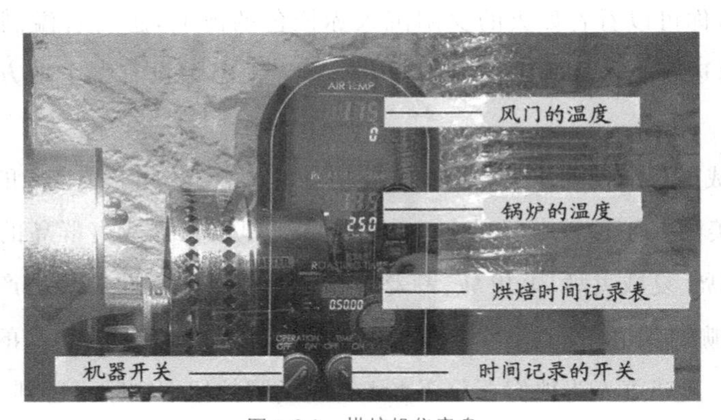

图 3.2.1　烘焙机仪表盘

在显示仪表上，还有两个开关，分别是“机器开关”以及“时间记录开关”，另外还有一个红色的按钮，是“紧急按钮”。在“紧急按钮”下面有一个火力表（见图 3.2.2），火力表上的刻度为 0—500，表示燃气的火力大小，下方是“燃气开关”（见图 3.2.3）。在烘焙机风箱的上端有一个“风门控制表”（见图 3.2.4），上面的刻度为 1—10，表示风门控制的程度；在“烘豆仓”的下方有一个类似于直尺的抽拉杆，我们称之为“吸气温度控制器”，它所表示的是仓内的气压。一般在烘豆前，把拉杆的刻度定位在“10”刻度，表示关闭的状态。在

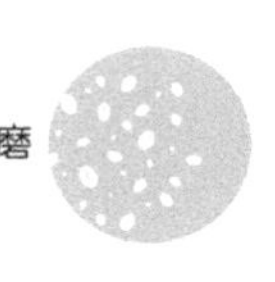

“烘豆仓”的左侧有一个手把样的开关，我们称之为“出豆仓开关”，把开关往后一拉，烘焙完成的熟豆就可以从这个开关处出来，直接落在“接豆仓”（见图 3.2.5），在“烘豆仓”的上端有一个漏斗样的装置，我们称之为“续豆仓”（见图 3.2.6），所有的生豆从这个装置进入到“烘豆仓”中，在“续豆仓”的下端有一个“阀门”（见图 3.2.7），这个“阀门”也就是生豆从“续豆仓”到“烘豆仓”中间的开关。“阀门”一打开，豆子就进入到“烘豆仓”中进行烘焙。

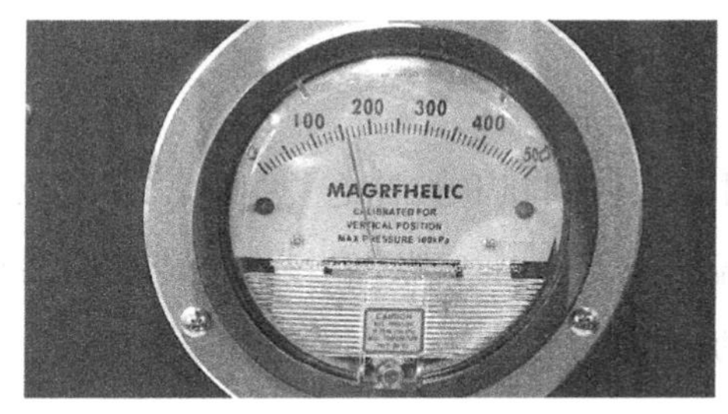

图 3.2.2　火力表

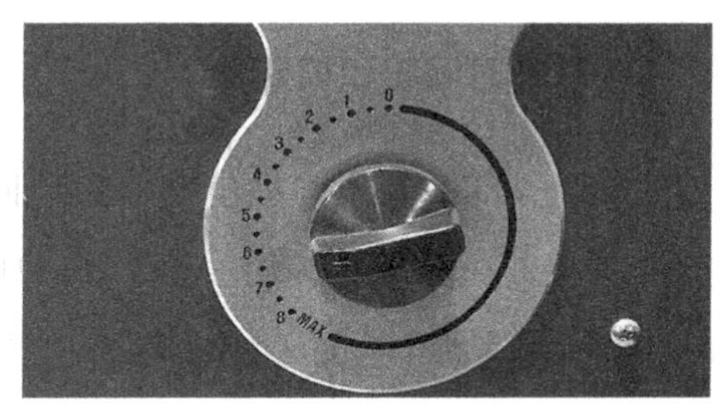

图 3.2.3　燃气开关

图 3.2.4　风门控制表

图 3.2.5　接豆仓

图 3.2.6　续豆仓

图 3.2.7　阀门

咖啡豆烘焙过程

那么我们先示范一次“咖啡豆的烘焙”，取 500 克“哥斯达黎加”生豆，500 克是烘焙机的最低入豆量。

（一）将火力打开

火力打开后，将烘焙机的燃气点燃，把火力调整到“100”刻度，对烘焙机进行预热，大约预热12分钟，将燃气关闭，等待仓内温度降到130℃，再次将燃气打开，直至上升至165℃，就可以“下豆”，让豆子进仓（见图3.2.8）。在这之前，先将“银皮”进行清理，“银皮”是咖啡生豆烘焙时，在温度上升过程中，逐渐剥落脱离咖啡豆从而产生的咖啡豆皮。

我们事先将500克的豆子倒入“续豆仓”，进行储存。

(二) 打开时间钮和控制仓

待锅炉温度上升至“165℃”时，我们同时打开时间钮和控制仓（见图3.2.9），豆子就直接进入到豆仓中。豆子进仓后，锅炉的温度就会急速下降，但经过一段时间后就会出现一个回温点，即在这个温度会有一定的停留，并以此为基点不断往上提升。

(三) 记录回温点、时间和火力、调整风门刻度

在回温点，我们需要记录以下几个数值：回温点、时间、火力、调整风门的刻度（见图3.2.10）。

此时，将风门从“0”刻度调整到“1”刻度。

这时，可以从侧面的抽拉杆中将杆子拔出，杆子中会装有些许咖啡豆颗粒，以便随时观察咖啡豆的烘焙情况。在侧面的玻璃孔洞中，我们也可以看到仓内的豆子在不断翻滚，这款烘焙机采用的是滚筒式烘焙（Drum roasting）。滚筒式烘焙是指咖啡豆在旋转的滚筒中实现烘焙。

每过30秒需要记录锅炉的温度、风门的温度、时间和风门的刻度。

(四) 锅炉温度达到120℃时，火力调整到150℃，并做好记录

当锅炉温度达到120℃时，火力加大到150℃，这样就会加快咖啡豆的脱水（见图3.2.11）。

(五) 锅炉温度达到130℃时，风门调整为7刻度，并做好记录

每做一个调整，都需要在“烘焙曲线表”上，做好相应的记录（见图3.2.12）。

(六) 锅炉温度达到135℃时，观察咖啡豆的情况

当锅炉温度达到135℃时，我们可以通过抽拉杆，观察锅炉内的咖啡豆的烘焙情况，也可以将拉杆取出，闻一下咖啡豆，从而确定咖啡豆的烘焙情况（见图3.2.13）。

(七) 锅炉温度达到 150℃，将火力调整到 100℃

当锅炉温度达到 150℃时，将火力调整到 100℃，并且可以通过左侧的小玻璃窗，实时观察仓内咖啡豆的颜色，判断其烘焙情况；也可以通过抽拉杆中咖啡豆的颜色进行观察，此时，抽拉杆中咖啡豆的颜色已经由青草色转变为花生果仁的颜色；并且通过鼻子去闻，可以闻到比较明显的熟果仁的气息（见图 3.2.14）。

(八) 当锅炉温度达到 168℃时，将风门调整为 10 刻度，火力调整为 50℃

当锅炉温度达到 168℃时，将风门从刻度“7”调整到刻度“10”，让风门全开，并将火力降到 50℃（见图 3.2.15）。这时，可以通过抽拉杆观察咖啡豆，此时咖啡生豆的颜色已经变成较深的褐色。

(九) 当锅炉温度达到 180℃时，我们再将火力调整为 100℃

当锅炉温度达到 180℃时，我们将火力调整到 100℃，加大火力（见图 3.2.16）。这时，我们可以听到锅炉内开始传出细微的爆裂声，这说明咖啡豆开始进入“一爆初期”。此时，咖啡豆体内的水分正在分离，而咖啡豆的结构也正在被破坏。在烘焙的过程中，咖啡豆至少要产生 800 个细微的化学变化。随着时间推移，烘豆仓中的爆裂声越来越密集。

(十) 当锅炉温度达到 188℃时，咖啡豆准备出锅

当锅炉温度达到 188℃时，咖啡豆准备出锅（见图 3.2.17）。此时，右手拿住“时间开关”，关闭开关；左手将“出豆仓开关”推上，从而使咖啡豆倒入“出豆仓”中，同时旋转“出豆仓”，让咖啡豆迅速散热。这时，再将吸风器打开，帮助咖啡豆散热。这样就可以让豆子在出仓的一瞬间进行“降温冷却”，防止温度过高后产生“焦裂”的现象。这时咖啡豆的颜色已经变成浅巧克力色，并伴随着浓郁的特有的醇香。当咖啡豆出锅后，需要立马关掉火力，然后关掉燃气。

图 3.2.8　将火力打开

图 3.2.9　打开时间钮和控制仓

图 3.2.10　记录回温点、时间和火力，调整风门刻度

图 3.2.11　锅炉温度到 120℃，火力调整到 150℃，并做好记录

图 3.2.12　锅炉温度到 130℃，风门调整为 7，并做好记录

图 3.2.13　锅炉温度达到 135℃，观察咖啡豆情况

图 3.2.14　锅炉温度达到 150℃，火力调整为 100℃

图 3.2.15　锅炉温度达到 168℃，风门调整为 10，火力调整为 50℃

图 3.2.16　锅炉温度达到 180℃，调整火力为 100℃

图 3.2.17　锅炉温度达到 188℃时，准备咖啡豆的出锅

千万不要以为，这样就算完成了咖啡豆的烘焙了。我们首先将烘焙好的咖啡豆放在电子秤上称量，这时咖啡豆的重量变为 436 克，其中 64 克的水分被蒸发掉，这款豆

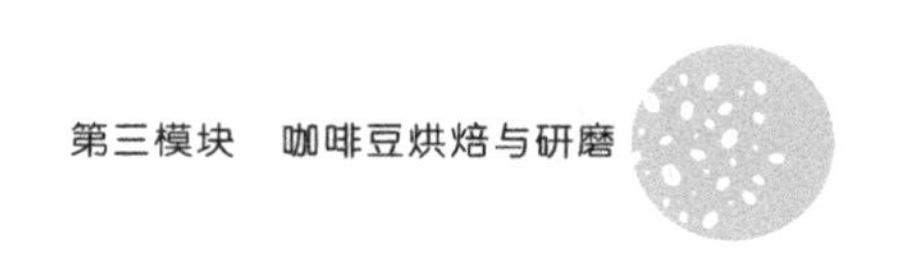

子的脱水率为12.8%。

接下来，再进行“筛皮”，将残留的“银皮”尽量筛除。

最后就是将豆子静置一段时间后，再进行包装或密封冷藏。

当咖啡豆烘焙好之后，我们需要对咖啡豆进行“养豆”，“养豆”的时间为2—3天，一般而言，咖啡豆烘焙好之后3—4天，咖啡豆的口感是最好的。如果烘焙好的咖啡豆在10天之内不用的话，就应该用密封玻璃瓶装起来冷藏。

考核指南

(一) 基础知识部分

1. 咖啡烘焙机的基本构造

2. 咖啡豆烘焙流程

(二) 操作技能部分

按照要求，烘焙500克的“哥斯达黎加”，要求动作规范、熟练，富有技巧性。

习题

1. 在烘焙咖啡豆时，(　　)设备时用来“输送”新鲜生豆的？

A. 烘豆仓　　B. 接豆仓　　C. 续豆仓　　D. 进豆仓

2. 在烘焙“哥斯达黎加”咖啡豆时，在(　　)℃可以将生豆放入烘豆仓中？

A. 100　　B. 150　　C. 165　　D. 180

3. 温度在回温点往上升的过程中，需要做好一系列的记录，其中不包括(　　)数据。

A. 回温点的温度　　B. 回温点的时间　　C. 回温点的火力　　D. 风门刻度

4. 在烘焙咖啡豆时，每隔(　　)时间，需要记录一系列的数据。

A. 30秒　　B. 1分钟　　C. 5分钟　　D. 10分钟

5. 记录的数据中，其中不包括(　　)。

A. 锅炉温度　　B. 风门温度和时间　C. 风门刻度　　D. 火力温度

6. 在烘焙“哥斯达黎加”咖啡豆时，待到锅炉温度上升至120℃时，需要将火力调整到(　　)℃，并做好记录。

A. 100　　B. 120　　C. 150　　D. 180

7. 在烘焙“哥斯达黎加”咖啡豆时，待到锅炉温度上升至130℃时，需要将风门刻度调整至（　　），并做好记录。

A. 7　　B. 8　　C. 9　　D. 10

8. 在烘焙“哥斯达黎加”咖啡豆时，待到锅炉温度上升至150℃，应将火力调整至（　　）℃，并做好记录。

A. 100　　B. 120　　C. 150　　D. 180

9. 在烘焙“哥斯达黎加”咖啡豆时，待到锅炉温度上升至168℃时，应将火力调整到（　　）℃。

A. 50　　B. 100　　C. 150　　D. 180

10. 在烘焙“哥斯达黎加”咖啡豆时，待到锅炉温度上升至168℃时，应将风门刻度调整至（　　）。

A. 5　　B. 7　　C. 8　　D. 10

11. 当锅炉内传出细微的爆裂声时，说明咖啡豆进入了（　　）。

A. 一爆初期　　B. 一爆中期　　C. 一爆后期　　D. 二爆初期

12. 当锅炉内的温度达到（　　）℃时，应准备咖啡豆的出锅环节。

A. 180　　B. 182　　C. 185　　D. 188

13. 咖啡豆烘焙完成后，需要一个“养豆”的过程，一般“养豆”时间为（　　）。

A. 2—3 天　　B. 3—4 天　　C. 5—6 天　　D. 7 天

第三专题　咖啡豆的杯测

学习目标

1. 掌握咖啡豆杯测的操作流程、操作原理。
2. 熟练掌握咖啡豆杯测的操作技术。
3. 具备咖啡师咖啡制作操作技能及服务素养能力。

杯测简介

咖啡豆烘焙好之后，我们需要对烘焙好的豆子进行“杯测”。

杯测是杯测师用来评定咖啡风味与特性的一种方式。为了了解每个产区每款咖啡豆之间风味的不同之处与优缺点，将各款咖啡豆用客观标准化的程序放在一起进行杯测是极其必要的。

通常杯测可以找出一款咖啡豆风味上的缺陷与优点，也可以借助由共同的杯测报告来作为国际咖啡品质的沟通语言。

准备工作

杯测时需要使用到的工具有：杯测汤匙（见图 3.3.1）、杯测杯子（见图 3.3.2）、清洗汤匙的杯子（见图 3.3.3）、样本咖啡豆（见图 3.3.4）、热开水（90—93℃，见图 3.3.5）、电子秤（见图 3.3.6）、计时器（杯测时间为 4 分钟，见图 3.3.7）以及杯测表格（可借鉴 SCAA① 杯测表格，见图 3.3.8）。

① SCAA 是 Specialty Coffee Association of America 的简称，中文译名是“美国精品咖啡协会”，是世界上最大的咖啡贸易协会。

图 3.3.1　杯测汤匙

图 3.3.2　杯测杯子

图 3.3.3　清洗汤匙的杯子

图 3.3.4　样本咖啡豆

图 3.3.5　热开水

图 3.3.6　电子秤

图 3.3.7　计时器

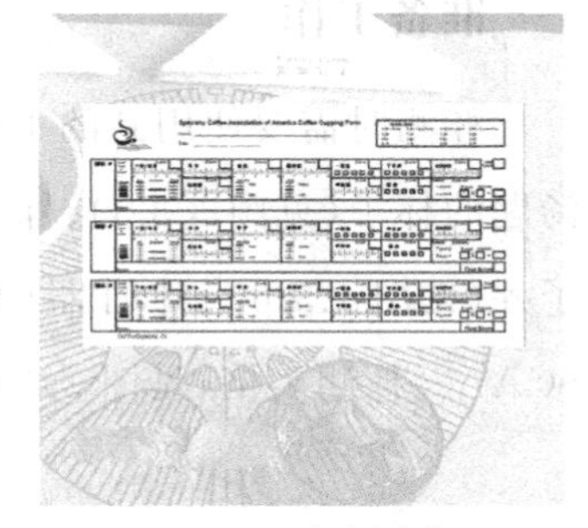

图 3.3.8　杯测表格

 杯测操作过程

（1）将咖啡研磨后放置于杯测杯中（见图 3.3.9）。

（2）拿起杯子转动或拍打，闻“干香气”（见图 3.3.10）。

(3) 接着倒入沸腾的热开水，静置4分钟((见图3.3.11)；在时间结束前，请将鼻子贴近液体表面，闻取“湿香气”(见图3.3.12)。

(4) 4分钟结束时，用汤匙拨开上层咖啡粉，拨开瞬间将鼻子贴近液体表面，闻取破渣时的香气(见图3.3.13)。

(5) 接着将液体表面的浮渣捞干净，用手触摸杯子的温度，不烫手时即可进行杯测(见图3.3.14)。

图3.3.9　将咖啡研磨后放置于杯测杯中

图3.3.10　拿起杯子转动或拍打，闻“干香气”

图3.3.11　往杯子中倒入沸腾的热开水

图3.3.12　拨开瞬间闻“湿香气”

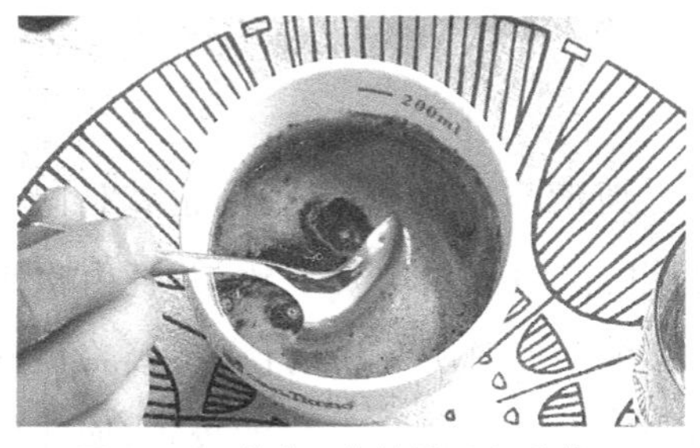

图3.3.13　等待4分钟后，用汤匙拨开

图3.3.14　将液体表面浮渣捞干净

(6) 杯测时，姿势端正直立，肩膀放松，啜吸时不得耸肩，并利用肚子的丹田吸气。杯测时，应注意每次用杯测匙所舀起的咖啡液量需一致；将汤匙自然放置于两唇间；嘴唇与汤匙呈一细缝后由慢而快自然吸入，由浅入深往上颚与鼻腔交接处啜吸雾化液体，用整个舌面去感受雾化后的液体中各种咖啡的气味和口感(见图3.3.15—图3.3.20)。

图 3.3.15 杯测时，姿势端正直立，肩膀放松

图 3.3.16 啜吸时不得耸肩，利用肚子丹田吸气

图 3.3.17 每次杯测舀起的咖啡量一致

图 3.3.18 将汤匙自然放置两唇间

图 3.3.19 嘴唇和汤匙呈一细线自然吸入

图 3.3.20 由浅入深往上颚与鼻腔交接处啜吸雾化液体

操作原理

杯测的基本应用是鉴定生豆与熟豆的品质。所谓品质就是稳定性，也就是同一批咖啡豆的每一杯样品都要相近，其口感中的酸、甜、苦的位置均要一致，并且由啜吸将咖啡液均匀地分布在舌面上，先分辨出酸、甜、苦在舌头上所分布的位置，接着再确认下一杯样品的酸、甜、苦是否分布在相同的位置上。然后再进行一定的校正，而我们所做的杯测就是用来鉴评这款刚烘焙好的咖啡豆的品质。

杯测基本语言与评鉴项目

干香气：Fragrance

湿香气：Aroma

甜度：Sweetness

酸度：Acidity

风味：Flavor

醇厚度：Body

后韵：After taste

杯测应用：

（1）冲煮、校正方针；

（2）生豆品质评鉴；

（3）咖啡沟通语言；

（4）烘焙问题检测；

（5）配置 Espresso 配方。

考核指南

(一) 基础知识部分

1. 杯测时需要使用到的工具

2. 杯测操作流程

3. 杯测的原理

(二) 操作技能部分

按照要求，针对烘焙好的“哥斯达黎加”咖啡豆进行杯测评鉴，并做好相应记录，要求动作规范、熟练，富有技巧性。

习题

1.（　　）可以作为国际咖啡品质的共同语言。

A. 咖啡报告　　B. 咖啡产地　　C. 咖啡品牌　　D. 咖啡图谱

2. 杯测工具有如下几种，除了（　　）之外。

A. 杯测汤匙　　B. 杯测表格　　C. 凉开水　　D. 计时器

3. 将咖啡粉放入杯测杯子中，拿起杯子转动、拍打，是为了（　　）。

A. 平整咖啡粉　　B. 闻“湿香气”　　C. 闻“干香气”　　D. 浸润咖啡粉

4. 将热水倒入杯测杯中，需要静置(　　)分钟。

A. 1　　B. 3　　C. 4　　D. 5

5. 杯测时，应注意每次用杯测匙所舀起的咖啡液量需(　　)。

A. 满匙　　B. 少量　　C. 一半的匙容量　　D. 一致

6. 杯测的主要目的是用于鉴定咖啡豆的(　　)

A. 气味　　B. 口感　　C. 浓度　　D. 品质

7. 杯测用于鉴定咖啡豆烘焙的(　　)

A. 完整度　　B. 火候度　　C. 个性化　　D. 稳定性

第四专题　咖啡豆的研磨

学习目标

1. 掌握磨豆机的主要构造及功能。
2. 熟练掌握咖啡豆的研磨技术。
3. 具备咖啡师咖啡制作操作技能及服务素养能力。

视　频

磨豆机简介

要了解咖啡豆的研磨过程及原理，就应该先了解磨豆机。那么现在我们先来介绍一款磨豆机，以此为例，来诠释咖啡研磨的原理所在。

我们以“安菲姆 WBC(World Barista Championship，世界咖啡师竞赛)”磨豆机为例，它是“WBC 竞赛版”磨豆机(见图 3.4.1)。

图 3.4.1　WBC 竞赛版安菲姆磨豆机

磨豆机由以下几个重要部分组成：

(1) 豆仓：存放烘焙过的咖啡豆(见图 3.4.2)。

(2) 粉仓：咖啡豆经过研磨成为咖啡粉后，用来储存咖啡粉的地方(见图 3.4.3)。

(3) 控制板：控制板上的数字，代表研磨时间，表示咖啡豆完成研磨需要的时间(见图 3.4.4)。

(4) 开关：磨豆机的电源开关(见图 3.4.5)。

(5) 定量触发键：黑色按钮是定量触发键，设置好研磨时间后，只要按下此键，磨豆机就可以自动研磨出规定研磨时间内的咖啡粉(见图3.4.6)。

图3.4.2　豆仓

图3.4.3　粉仓

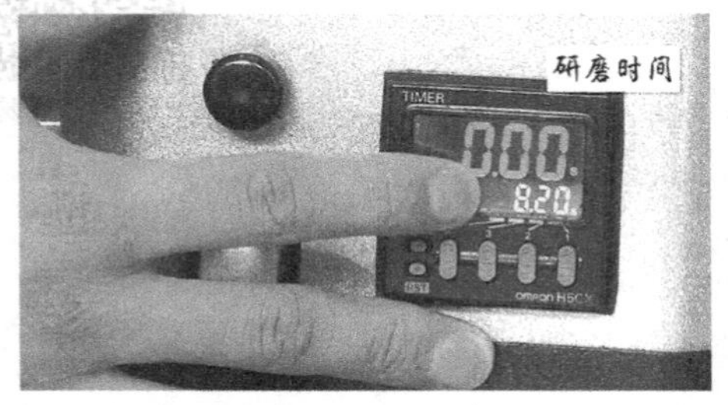

图3.4.4　研磨时间

图3.4.5　开关

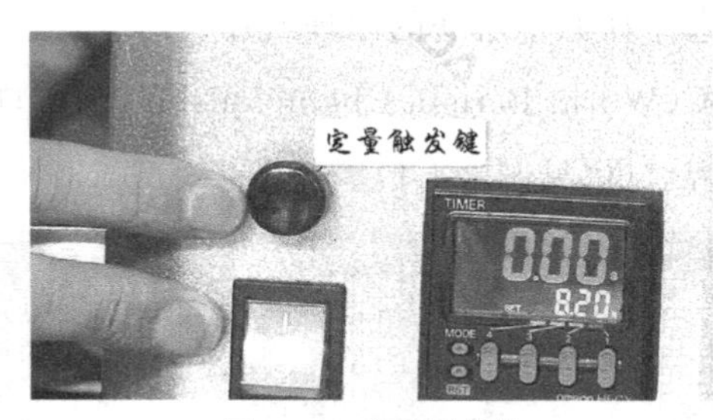

图3.4.6　定量触发键

研磨原理

我们将通过一个小实验来诠释,咖啡豆的研磨程度对咖啡冲煮品质的影响,从而来说明磨豆机的运作原理。

我们会考察在相同的研磨时间内,采用不同的研磨度所研磨出来的咖啡粉,对咖啡萃取的影响,从而说明咖啡研磨对于咖啡制作的重要影响和意义。

(1) 首先,我们取同一款咖啡豆各15克,分别装在三个不同的杯子里。

(2) 接下来,我们先采用4.5研磨度,在8.2秒的时间内进行研磨取粉,我们将这款咖啡粉称为“A号粉”(见图3.4.7);为了更为直观地观察,我们将咖啡粉取到玻璃杯中。

(3) 接下来,再采用12.5研磨度,在8.2秒的时间内进行研磨取粉,我们将这款咖啡粉称为“B号粉”(见图3.4.8)。

(4) 然后再取第三款粉，采用20.5研磨度，在8.2秒的时间内进行研磨取粉，同样，用玻璃杯进行盛装，我们将这款粉称之为“C号粉”(见图3.4.9)。

(5) 这样，我们把三份15克的咖啡粉都研磨完毕了。

图3.4.7　A号粉：颗粒较为细致

图3.4.8　B号粉：咖啡粉颗粒较大

图3.4.9　C号粉：咖啡粉颗粒最大

图3.4.10　三款咖啡豆的研磨量不等

虽然在研磨前均是15克，但由于研磨度的不同，在相同的研磨时间内，研磨出来的咖啡粉的量是不同的。A号粉为17.1克，B号粉为29.8克，C号粉为31.9克，并且通过肉眼可以看出，从A号粉、B号粉到C号粉，咖啡粉的颗粒大小逐渐增大，咖啡量也逐渐增多(见图3.4.10)。也就是说，随着研磨刻度的增大，咖啡粉的颗粒大小也增大，出粉量也逐渐增加。

从概念意义上，我们可以解释为A号粉采用的是细研磨，常用于意式浓缩咖啡和滴漏式咖啡；B号粉采用中度研磨，常用于手冲咖啡、虹吸式咖啡、聪明杯以及爱乐压等冲煮模式；C号粉采用粗研磨，常用于布质滴漏以及法式滤压壶。

接下来，我们通过萃取实验的方式，进一步直观说明，研磨度对咖啡粉萃取的影响。

(1) 首先，取这三款咖啡粉各16克(见图3.4.11)，然后进行填压，可以发现同样重量的咖啡粉因为研磨度的差异，其在填压的过程中，粉锤下压的刻度也不尽相同，A号粉的体积最小，C号粉的体积最大(见图3.4.12)。

(2) 在填压完毕后，我们分别对这三种咖啡粉进行萃取，并用肉眼观察其萃取时出水的时间、水流的大小以及颜色的变化(见图 3.4.13)。

从这三款咖啡粉的萃取过程中，我们可以比较得出，A 号粉在 5 秒时才出水，且水流较细，颜色偏深；B 号粉在 3 秒内出水，并快速进入萃取过度状态，水流瞬即呈现浅棕色；而 C 号粉萃取时，瞬间出水，并全程以浅棕色为主。

这三款粉在同样质量的前提下，因为研磨度的不同，萃取的结果也不尽相同，A 号粉属于适度萃取，B 号粉属于过度萃取，咖啡液口感会呈现焦苦状，而 C 号粉属于萃取不足，由于“惰水效应”，使得咖啡粉得不到充分萃取导致口感不佳(见图 3.4.14)。

图 3.4.11　填压前的咖啡粉

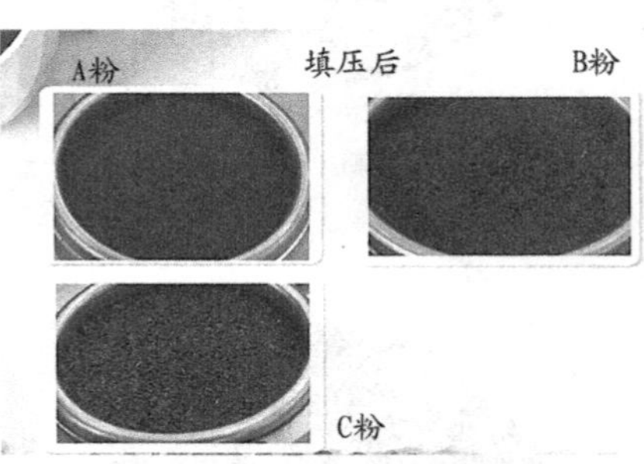

图 3.4.12　填压后的咖啡粉

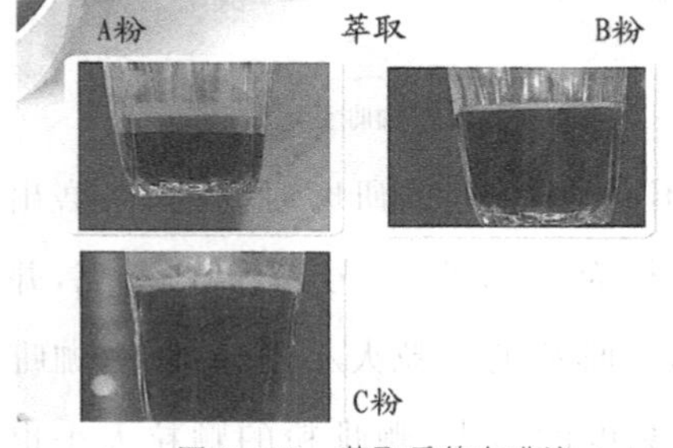

图 3.4.13　萃取后的咖啡液

图 3.4.14　萃取后的粉饼

从这个实验中，我们可以得出这样的结论：不同的咖啡品种、不同的咖啡制作方法，对咖啡豆研磨的要求也不尽相同。

考核指南

(一) 基础知识部分

1. 磨豆机的构造及功能

2. 磨豆机的研磨原理

3. 研磨刻度对咖啡萃取的影响

(二) 操作技能部分

按照要求，用磨豆机研磨一份咖啡粉，要求动作规范、熟练，富有技巧性。

习题

1. 意式浓缩咖啡采用(　　)研磨度的咖啡粉。

A. 细　　B. 中　　C. 粗

2. 滴漏式咖啡采用(　　)研磨度的咖啡粉。

A. 细　　B. 中　　C. 粗

3. 手冲咖啡采用(　　)研磨度的咖啡粉。

A. 细　　B. 中　　C. 粗

4. 虹吸式咖啡采用(　　)研磨度的咖啡粉。

A. 细　　B. 中　　C. 粗

5. 聪明杯冲泡咖啡采用(　　)研磨度的咖啡粉。

A. 细　　B. 中　　C. 粗

6. 用爱乐压冲泡咖啡采用(　　)研磨度的咖啡粉。

A. 细　　B. 中　　C. 粗

7. 用布质滴漏方法冲泡咖啡采用(　　)研磨度的咖啡粉。

A. 细　　B. 中　　C. 粗

8. 用法式滤压壶冲泡咖啡采用(　　)研磨度的咖啡粉。

A. 细　　B. 中　　C. 粗

9. 萃取(　　)的咖啡粉，产生的咖啡液口感会呈现焦苦状。

A. 适当　　B. 过度　　C. 不足

10. 由于“惰水效应”使得咖啡粉得不到充分地萃取，从而口感不佳，这种萃取现象叫做(　　)。

A. 萃取适当　　B. 萃取过度　　C. 萃取不足

第五专题　咖啡研磨机的日常清洁与保养

1. 掌握咖啡研磨机构造及功能等知识点。
2. 熟练掌握咖啡研磨机日常清洁与保养技能。
3. 具备咖啡师咖啡制作操作技能及服务素养能力。

视　频

一杯美味的咖啡，不仅需要高超的咖啡冲煮技艺，优质的咖啡烘焙技术，恰当的研磨工具以及研磨技艺也相当重要。本专题，我们通过咖啡研磨机的日常清洁与保养知识来解读咖啡研磨机研磨咖啡的运作原理。

咖啡研磨器具简介

咖啡研磨器具大致可分为手动和电动两类，性能有各自的不同之处。

手摇式研磨机（锥形刀刃）可以边享受咖啡的香味，边享受摇动手柄研磨咖啡所带来的乐趣（见图 3.5.1）。

图 3.5.1　手摇式研磨机（锥形刀刃）

电动型的研磨机可以通过刀刃的形状来判断研磨机的性能。锥形刀刃可以不限制阶段地调整研磨状态，可以研磨出用于泡制意大利浓缩咖啡的极细咖啡粉。平形刀刃可以简单地研磨出粗细均匀的咖啡粉，也可以研磨出泡制意大利浓缩咖啡的极细咖啡粉。刀片型刀刃是螺旋桨形状的刀刃，比较适用于入门者使用，但其研磨出的咖啡粉颗粒度很难均匀。

不同类型的咖啡研磨机适合研磨不同颗粒大小的不同研磨程度的咖啡粉。我们将通过一台电动平形刀刃咖啡研磨机的日常清洁与保养流程，来认知咖啡研磨机的构造。

咖啡研磨机清洁保养工具

一字螺丝刀、挑花针、粉刷（见图 3.5.2）。

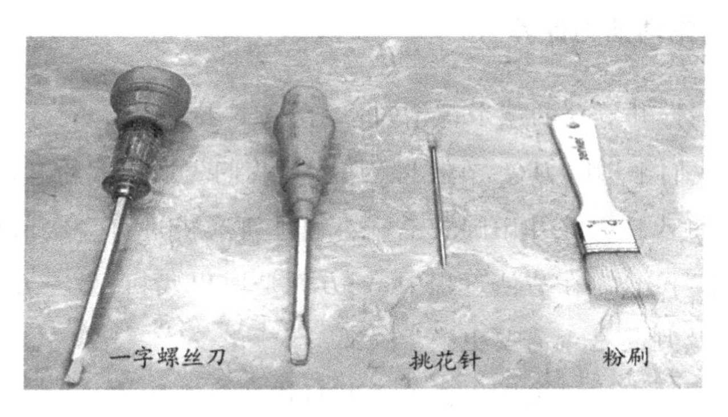

图 3.5.2　咖啡研磨机清洁保养工具

咖啡研磨机的日常清洁与保养流程

以“安菲姆 WBC”磨豆机为例，对它进行清洁和保养工作。

(一) “安菲姆 WBC”磨豆机特性

“安菲姆 WBC”属于“WBC 竞赛版安菲姆”磨豆机。是第一代安菲姆，产自意大利，这台机子与其他机子最大的区别：

(1) 首先在于它的豆仓，这是它的专利，采用三点定位法，由三个螺帽进行豆仓的定位，是意大利产的第一款嵌入式三点定位豆仓的研磨机。

(2) 其次，它的刀盘也是其特色之一，它的刀盘呈现金黄色，材质属于钛合金，比一般铝合金的刀盘硬度更大，使用的寿命也更长（铝合金的刀盘可以研磨累计 800 千克的咖啡豆，而钛合金刀盘可以研磨累计 2000—3000 千克的咖啡豆，才会产生刀刃的轻微磨损）。

(3) 第三个特点是它的电脑控程。采用微电脑板进行定时定量的研磨，在时间的显示上可以精确到小数点的后两位。

(4) 第四个特点是它的豆仓。大多数的研磨机采用"直粉式"豆仓，通过直接下粉的方式将咖啡粉取到咖啡手柄的凹槽处，但这款安菲姆的豆仓采用"拨片式"，需要手动拨动，将咖啡粉下到手柄处。

(5) 第五个特点就是它的风扇。风扇的主要用途是冷却刀盘及粉道，从而让刀盘保持在一个合适的温度，减少在研磨过程中热量对咖啡粉的损伤。

正因为如此好的品质和优点，所以这款机子又被称为"安菲姆竞赛版"，在国际上经常应用于咖啡师国际竞赛，如"WBC"，所以这款机子又被称为"安菲姆 WBC 版"。

(二) 研磨机日常清洁与保养

(1) 首先，我们拧开豆仓的三个螺帽，将豆仓取下来。

(2) 接下来，我们来拆除刀盘，在拆除刀盘前，我们先取出残粉。用粉锤压住刀盘，然后打开研磨键，将残粉去除并用圆头毛刷对咖啡研磨机进行一次清理。研磨机的清洗频率一般是两个月一次，在清洁过程中，一方面是取出残粉，另一方面是定期检查刀盘的磨损情况，以及判断是否需要更换。

在拆刀盘时，需要确定已关闭电源开关并且拔掉电源插头。

在研磨机的侧面，我们可以看到一个拨档，它的作用是固定刀盘。在拆刀盘的时候，需要一手将拨档往下压，另一只手逆时针地顺着旋纹将上面的刀盘旋出，便可以看到平形磨刀片中的其中一片。这时需要用"挑花针"和"粉刷"对刀盘进行清理，去除遗留在其表面缝隙处的粉块和残粉。

在拆除刀盘的过程中，我们可以采用"一字螺丝刀"将其中的平形刀刃进行拆解，从而更好地来清除其中的残粉，当然在拆除的过程中，保管好所有的零件，以便清洁完毕一一组装上去。

(3) 接下来，我们需要清洁磨豆仓，用刷子将残留在磨豆仓中的残粉刷掉，并将下半部分的刀刃进行拆除。同样使用"一字螺丝刀"将螺丝拧除，并将下刀刃进行拆除。拆除下来的下刀刃仍然采用"挑花针"和"粉刷"进行粉块和残粉的清除。

(4) 最后一步，就是将磨豆仓中的残粉彻底倒出。清洁完毕后，将上述配件和零件，按照拆除程序的反向顺序进行装配、固定"定位"，再摆放端正。

考核指南

(一) 基础知识部分

1. 咖啡研磨机的分类及特点

2. 咖啡研磨机的构造及其功能

3. 咖啡研磨机日常清洁与保养流程

(二) 操作技能部分

按照要求，对咖啡研磨机进行一次日常清洁与保养，要求动作规范、熟练，富有技巧性。

习题

1. 在电动研磨机中，可以不限制阶段地调整研磨状态，并且研磨出用于泡制意大利浓缩咖啡的极细研磨度的咖啡粉的研磨机，属于(　　)刀刃。

   A. 锥形　　B. 平形　　C. 刀片形

2. “安菲姆 WBC”磨豆机的豆仓采用(　　)定位法。

   A. 两点　　B. 三点　　C. 四点　　D. 六点

3. 将刀盘卸下的时候，我们需要按照(　　)方向进行旋转。

   A. 顺时针　　B. 逆时针

4. 清洁研磨机时，需要用到的工具，下列哪项不属于(　　)。

   A. 一字螺丝刀　　B. 十字螺丝刀　　C. 挑花针　　D. 粉刷

5. 装上刀盘时，将上刀盘的刻度调整到意式磨豆机最适合的(　　)刻度。

   A. 1.5　　B. 2.5　　C. 3.5　　D. 4.5

6. 磨豆机的日常清洁和保养，我们一般会有(　　)一次的频率。

   A. 一周　　B. 一个月　　C. 二个月　　D. 半年

第六专题　咖啡的萃取与冲煮

1. 掌握咖啡萃取原理及方法。
2. 熟练掌握咖啡萃取技术。
3. 具备咖啡师咖啡制作操作技能及服务素养能力。

视　频

萃取(Extraction),是指利用物质在两种互不相溶(或微溶)的溶剂中溶解度或分配系统的不同,使物质从一种溶剂内转移到另一种溶剂中,经过反复多次,将绝大部分的物质提取出来的方法。

利用相似相溶原理,萃取有两种方式,即液液萃取和固液萃取。固液萃取,也称为浸取,即用溶剂分离固体混合物中的成分。用水浸泡咖啡以提取咖啡中的各种滋味物质,属于固液萃取。

咖啡萃取原理

咖啡制作,设备繁多,方法也各有差别,但最核心的萃取原理都一样,那么咖啡萃取原理的核心过程是什么呢?

(1) 粉碎咖啡豆,增加咖啡与水接触的表面积;

(2) 咖啡粉充分浸泡在水溶液中,咖啡精华亲水溶解;

(3) 分离咖啡溶液和咖啡渣。

所以,从以上步骤,大家可以看出,现代咖啡的萃取都是由浸泡、过滤两大核心过程构成的,属于物理范畴;当然意式浓缩咖啡(Espresso)的冲煮过程是有化学变化的,其咖啡的制作过程只有浸泡,没有过滤的过程。但咖啡馆售卖的咖啡,基本上都是需要有过滤环节的。

咖啡萃取方法

咖啡萃取是否充分,决定了是否可以制作出一杯优质的咖啡。现代咖啡萃取方法可以简单地分为两种：意大利快速浓缩咖啡、浸泡萃取(Steep Extraction)。

【核心知识】意大利快速浓缩咖啡

由意大利人发明，9 个大气压，92℃的水温，25 秒钟内萃取出 30 毫升的浓缩咖啡；浓缩咖啡一般可由意大利半自动咖啡机、全自动咖啡机制作，一杯上好的 Espresso 对于咖啡机、磨豆机在价格和质量上都需要有较高的要求。

【核心知识】浸泡萃取

浸泡萃取，是较为传统自然简单的咖啡萃取方式。萃取温度接近 85—92℃为宜，过滤压在 1 个大气压左右。

浸泡式萃取法，又可细分为：

(一) 压滤

使用人为压力过滤咖啡，包括法压壶(French Press，见图 3.6.1)或爱乐压(Aeropress，见图 3.6.2)。

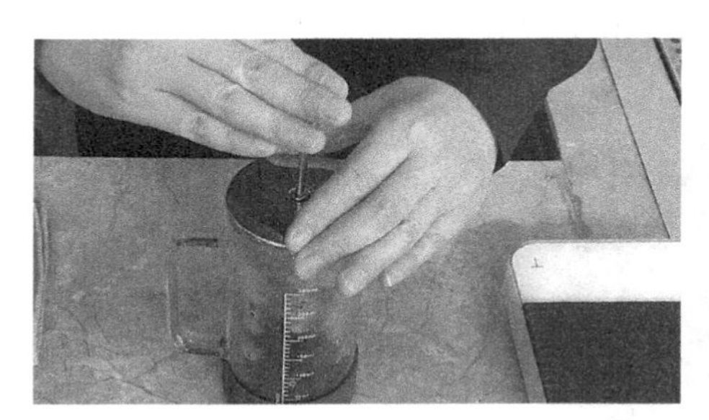

图 3.6.1　法压壶

图 3.6.2　爱乐压

(二) 虹吸

利用水蒸气冷却所造成的压力差来过滤咖啡，包括虹吸式咖啡壶(见图 3.6.3)、皇家比利时咖啡壶(见图 3.6.4)。

图 3.6.3　虹吸壶

图 3.6.4　皇家比利时咖啡壶

(三) 滴滤

自然重力滴落过滤咖啡，包括美式电动滴滤咖啡壶、冰滴咖啡壶（见图 3.6.5）、越南滴滤咖啡壶（见图 3.6.6）、手冲滤泡组件等。

图 3.6.5　冰滴咖啡壶

图 3.6.6　越南滴滤壶

(四) 蒸汽加压

意大利摩卡壶（Moka Pot，见图 3.6.7），因为其压力只有 1 个多的大气压，所以根据性能指标，我们将摩卡壶归纳为自然传统的浸泡萃取式。

图 3.6.7　摩卡壶

了解了咖啡的萃取和冲煮方式后，应该明白了咖啡萃取环节对成功制作一杯咖啡的重要影响了吧。那么，让我们一起来学习如何采用正确的萃取方式，使用不同的器具制作不同风格的咖啡吧。

 考核指南

(一) 基础知识部分

1. 咖啡萃取原理

2. 咖啡萃取方法及分类

(二)操作技能部分

1. 采用压滤法,萃取咖啡,要求动作规范、熟练,富有技巧性

2. 采用虹吸法,萃取咖啡,要求动作规范、熟练,富有技巧性

3. 采用滴滤法,萃取咖啡,要求动作规范、熟练,富有技巧性

4. 采用蒸汽加压法,萃取咖啡,要求动作规范、熟练,富有技巧性

习题

1. 用水浸泡咖啡从而提取咖啡中的各种滋味物质,属于萃取中的(　　)。

A. 固液萃取　　B. 液液萃取

2. 意大利快速浓缩咖啡需要在(　　)时间内萃取出30毫升的浓缩咖啡。

A. 15秒　　B. 20秒　　C. 25秒　　D. 30秒

3. 浸泡萃取时过滤压在(　　)个气压左右。

A. 1　　B. 2　　C. 5　　D. 9

4. 用法压壶制作咖啡时,采用的是下列哪一种萃取方法(　　)。

A. 压滤　　B. 虹吸　　C. 滴滤　　D. 蒸汽加压

5. 用爱乐压制作的咖啡,采用的是下列哪一种萃取方法(　　)。

A. 压滤　　B. 虹吸　　C. 滴滤　　D. 蒸汽加压

6. 用皇家比利时壶制作的咖啡,采用的是下列哪一种萃取方法(　　)。

A. 压滤　　B. 虹吸　　C. 滴滤　　D. 蒸汽加压

7. 用越南滴滤壶制作咖啡,采用的是下列哪一种萃取方法(　　)。

A. 压滤　　B. 虹吸　　C. 滴滤　　D. 蒸汽加压

8. 用冰滴咖啡壶制作咖啡,采用的是下列哪一种萃取方法(　　)。

A. 压滤　　B. 虹吸　　C. 滴滤　　D. 蒸汽加压

9. 用摩卡壶制作咖啡,采用的是下列哪一种萃取方法(　　)。

A. 压滤　　B. 虹吸　　C. 滴滤　　D. 蒸汽加压

10. 现代咖啡萃取方法可以简单地分为(　　)种。

A. 2　　B. 3　　C. 4　　D. 5

第四模块　意式咖啡

第一专题　意式咖啡奶泡制作

学习目标

1. 掌握意式咖啡奶泡打发的制作原理。
2. 熟练掌握奶泡打发技术。
3. 具备咖啡师咖啡制作操作技能及服务素养能力。

视　频

前言

在意式咖啡制作的过程中，有两个环节至关重要，即奶泡打发及浓缩咖啡的制作，这两个环节是所有意式咖啡制作的基础，只有品质过关的奶泡和浓缩咖啡，才能在此基础上制作出花样繁多但又别具一格的意式咖啡系列。

很多朋友都喜欢喝"卡布奇诺(Cappuccino)"和"拿铁(Latte)"，不仅仅是因为它们有完美的拉花，还因为咖啡、牛奶和奶泡的融合，使意式咖啡的味道与口感提升至更好的境界。而一份完美的"奶泡"是关键之一，它对牛奶的选择及温度都非常讲究，并且奶泡制作完成的温度、拉花杯与蒸汽管接触的角度以及蒸汽量等都对奶泡的质量有一定的影响。打发奶泡的制作可分为手工打发和机器打发，但是不管使用哪一种方式，对咖啡师的要求都很高。

制作原理

"奶泡打发"的制作原理，即通过向牛奶内注入空气，增大牛奶液面与空气的接触面积，从而使尽量多的空气被包裹在蛋白质支撑的脂肪球结构中，形成一个泡沫空间结构，这个"泡沫空间"即我们所看到的奶泡。所以在奶泡打发过程中，脂肪球及蛋白质的结构就成了关键。所以，我们会选择新鲜牛奶为原料，因为其物理结构没有被破坏，脂肪颗粒都由天然的蛋白质包裹，当我们打发牛奶时，蛋白质就会起到支撑脂肪颗粒的作用。而牛奶中脂肪含量的多少也会直接影响到打发奶泡的难易度。所以说牛奶的品质及温度的选择对奶泡的打发都非常关键（见图 4.1.1）。

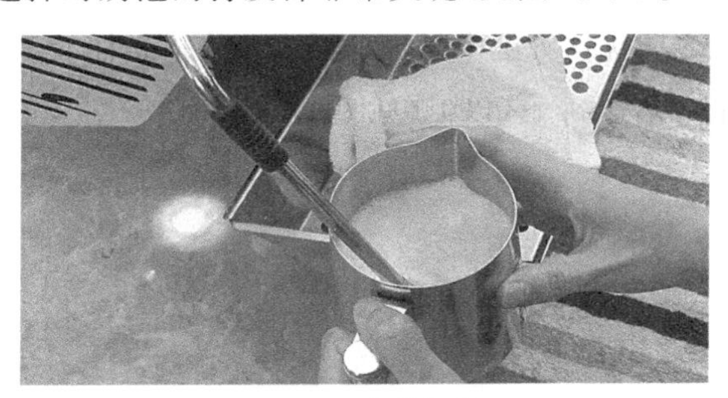

图 4.1.1　奶泡打发

准备工作

(一) 制作器具设备及原料

拉花杯（见图 4.1.2）、带蒸汽管的咖啡机（见图 4.1.3）、湿毛巾（见图 4.1.4）、合适的牛奶（见图 4.1.5）。

图 4.1.2　拉花杯

图 4.1.3　带蒸汽管的咖啡机

图 4.1.4　湿毛巾

图 4.1.5 牛奶

(二) 牛奶的要求

打发奶泡时，牛奶的选择至关重要，主要考察其脂肪含量及温度：

可以选用雀巢全脂牛奶，它是目前全国范围内公认为打奶泡最为稳定的牛奶，其他的如总统奶、发喜、光明优倍等鲜牛奶也都可以。选择怎样的牛奶品牌不重要，关键在于牛奶的脂肪含量必须达到4%以上(见图4.1.6)。

图4.1.6　各类牛奶

其次，牛奶最好冷藏在冰箱中，温度保持在5℃，因为打奶泡的起点温度越低，可以操作的时间越长，就可以打发得越细腻，这也是牛奶需要冷藏的原因之一。

制作过程

(1) 在拉花杯里倒入足量的冰牛奶，加奶量大概在2/5左右(见图4.1.7)。

(2) 打开蒸汽，清洁蒸汽棒(见图4.1.8)。

图4.1.7　在拉花杯中倒入冰牛奶

图4.1.8　打开蒸汽，清洁蒸汽棒

(3) 把蒸汽头插入液面，在偏离中心点的位置，打开蒸汽，将蒸汽头保持在液面下1厘米的位置，利用蒸汽棒使牛奶向一个方向旋转，此时会听到一种平稳的“嘶嘶”声(见图4.1.9)。

(4) 当奶泡充足之后，就可以将蒸汽管埋深一点，让蒸汽继续替牛奶加温(见图4.1.10)。注意，蒸汽管埋的角度最好是刚好可以使牛奶旋转。

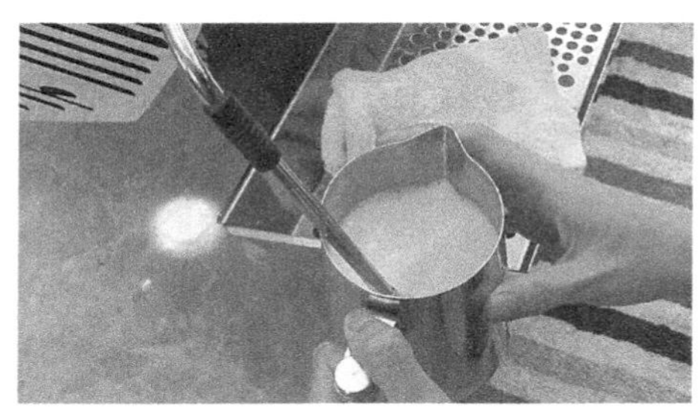

图 4.1.9　把蒸汽头插入液面 1 厘米处，打开蒸汽

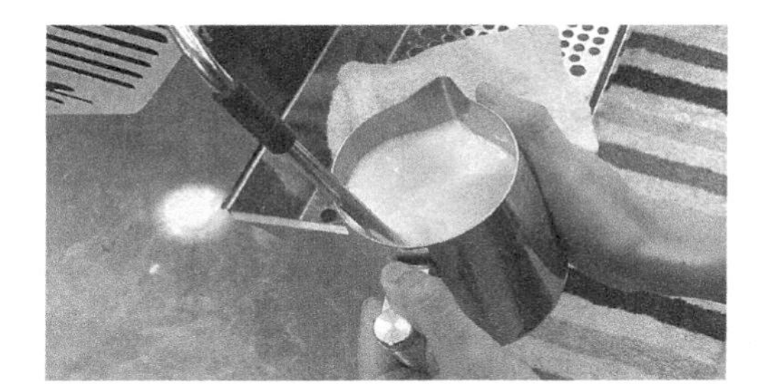

图 4.1.10　当奶泡充足后，将蒸汽管深埋

(5) 当牛奶温度升至 60—70℃时，也就是这个温度我们用手感觉的时候是烫手、但能忍受两三秒的时间，此时就需要关闭蒸汽，停止加热，以免煮沸牛奶，使奶泡变粗(见图 4.1.11)。

(6) 用湿抹布将附着在蒸汽管上的牛奶擦干净，同时再放出蒸汽，以免牛奶沥干之后难以清洗(见图 4.1.12)。

图 4.1.11　当牛奶温度升至 60—70℃时，关闭蒸汽

图 4.1.12　将蒸汽管擦干净，放出蒸汽

(7) 用力晃动牛奶，将拉花杯在桌面上轻震，直到震碎泡泡，然后继续晃动牛奶 20—30 秒，一杯完美的奶泡就制作完成了(见图 4.1.13)。

图 4.1.13　用力晃动拉花杯中的牛奶并轻震

制作特点

奶泡打发成功的判断标准：

(1) 首先，奶泡表面要能反光、细腻，像天鹅绒般，要滑口(见图 4.1.14)。

(2) 其次，表面没有一粒粗泡沫(见图 4.1.15)。

图 4.1.14　奶泡表面能反光像天鹅绒般细腻、滑口

图 4.1.15　表面没有一粒粗泡沫

(3) 最后，在加奶量一致的情况下，不管打六成满，还是七、八、九成满或全满，打出的温度要一致。

考核指南

(一) 基础知识部分

1. 牛奶打发奶泡的制作原理

2. 用牛奶打发奶泡时所使用的器具及其特点

3. 奶泡打发流程

(二) 操作技能部分

用牛奶打发一杯奶泡，要求动作规范、熟练，富有技巧性。

习题

1. 奶泡制作的质量与下列因素有关，除(　　)以外。

A. 奶泡制作完成的温度　　B. 拉花杯与蒸汽管接触的角度

C. 蒸汽量的多少　　D. 牛奶的量

2. 打发奶泡的牛奶脂肪含量必须在(　　)%以上。

A. 4　　B. 5　　C. 10　　D. 20

3. 奶泡，是空气和脂肪球结构的融合，从而形成的(　　)。

A. 泡沫空间组织　　B. 泡沫空间体积

C. 泡沫空间容量　　D. 泡沫空间结构

4. 在打奶泡时，(　　)物质起到支撑脂肪颗粒的作用。

A. 空气　　B. 咖啡液　　C. 水　　D. 蛋白质

5. 打发奶泡所需的新鲜牛奶，最好冷藏在冰箱中，温度保持在（　　）℃。

A. 0　　B. 5　　C. 10　　D. 15

6. 在打奶泡时，蒸汽棒的蒸汽头保持在牛奶液面下（　　）厘米的位置。

A. 1　　B. 1.5　　C. 2　　D. 2.5

7. 打发奶泡时，当牛奶温度上升至（　　）℃时，可停止打发奶泡。

A. 50—60　　B. 60—70　　C. 70—80　　D. 80—90

第二专题　浓缩咖啡制作

学习目标

1. 掌握意式浓缩咖啡的制作原理。
2. 熟练掌握浓缩咖啡的制作技术。
3. 具备咖啡师咖啡制作操作技能及服务素养能力。

视　频

发明历史

意式浓缩咖啡(见图 4.2.1)是一种口感强烈的咖啡类型,制作方法是以极热但非沸腾的热水,借由高压冲过研磨成很细的咖啡粉末来冲出咖啡。它发明及发展于意大利,始于 20 世纪初,但直到 20 世纪 40 年代中期之前,它仍是一种单独透过蒸汽压力制作而成的饮品,在意大利人发明出弹簧瓣杠杆(Spring Piston Lever)咖啡机后,才将浓缩咖啡转型为今日所知的饮品。时至今日,意大利人的生活中已经离不开意式浓缩咖啡。

图 4.2.1　意式浓缩咖啡制作

制作原理

浓缩咖啡的制作原理：短时间内由高压冲煮研磨极细的咖啡粉末从而产生的咖啡。通常使用的压力为 9—10 个大气压力。借由短时间的高压冲煮,使得一杯咖啡特有的风味经浓缩后,表现出比其他冲煮器材制作出来的咖啡更为强烈浓郁的口感,但因为萃取时间较短,所以其所包含的咖啡因成分较少,这也成为意大利人一天可以喝几杯意式浓缩咖啡的原因所在。

浓缩咖啡在化学成分上是复杂而善变的，其中很多成分会因氧化或者温度降低而分解。冲制恰当的浓缩咖啡会呈现出一种红棕色的泡沫漂浮在浓缩咖啡的表面，这种泡沫即咖啡脂，由植物油、蛋白质以及糖类所组成，由乳剂和泡沫胶体两种元素构成。

在浓缩咖啡的制作过程中，咖啡粉的粗细、咖啡粉量的多少以及压粉的力度，都成为影响浓缩咖啡品质的关键因素。所以说，浓缩咖啡的制作是一名咖啡师必备的技能，一杯完美的浓缩咖啡是每一个咖啡师的追求。

准备工作

制作器具设备及原料：意式咖啡机（见图 4.2.2）、磨豆机（见图 4.2.3）、粉锤（见图 4.2.4）、量杯（见图 4.2.5）、拿铁杯（见图 4.2.6）和咖啡豆（见图 4.2.7）。

图 4.2.2　意式咖啡机

图 4.2.3　磨豆机

图 4.2.4　粉锤

图 4.2.5　量杯

图 4.2.6　拿铁杯

图 4.2.7　咖啡豆

制作过程

(1) 用磨豆机研磨适量的咖啡粉，一般15—20克，研磨的粉末要极细，新鲜烘焙的整豆，现磨现做，这是制作咖啡的最基本要求(见图4.2.8)。

(2) 布粉，就是在磨豆机粉仓的出口，让磨好的咖啡粉均匀地落在咖啡机手柄的粉碗中(见图4.2.9)。

图4.2.8　用磨豆机研磨咖啡粉

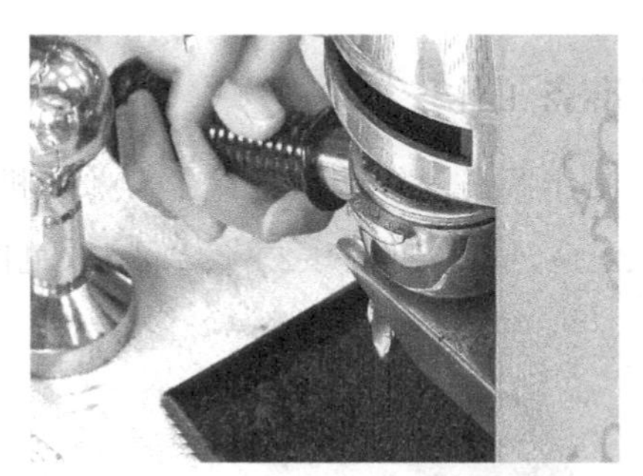
图4.2.9　布粉

(3) 压粉，压粉最重要的是力度和水平，将粉锤以咖啡手柄水平角度进行填压，填压时掌握好力度(见图4.2.10)。总之咖啡粉饼，要填压得够结实，分布得够水平，才有可能得到一杯均匀优质的萃取物。

(4) 放水(见图4.2.11)。

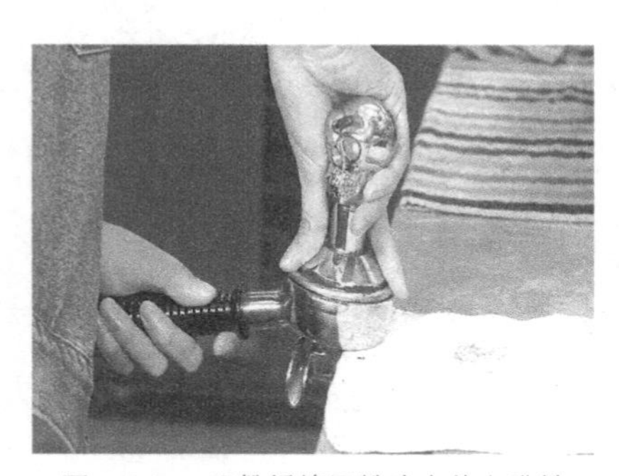
图4.2.10　用粉锤填压粉碗中的咖啡粉

图4.2.11　放水

(5) 把手柄装上咖啡机，打开萃取开关进行萃取(见图4.2.12)。

(6) 关注咖啡萃取的流速，萃取时间控制在20—30秒，咖啡的萃取量在25—30毫升为佳(见图4.2.13)。

图 4.2.12　将咖啡手柄装上，打开萃取开关

图 4.2.13　关注咖啡萃取的流速

（7）一杯完美的意式浓缩咖啡呈现在我们面前（见图 4.2.14）。

图 4.2.14　一杯完美的意式浓缩咖啡制作完成

制作特点

一杯合格的浓缩咖啡的判断标准：

（1）一杯好的浓缩咖啡，油脂颜色呈暗金黄色，很厚重，杯子倾斜 45 度，油脂层也不会露出黑色的咖啡液（见图 4.2.15、图 4.2.16）。

图 4.2.15　油脂颜色呈暗黄色，厚重

图 4.2.16　油脂层不会漏出黑色的咖啡液

（2）咖啡喝起来比较厚重，十分钟内口内都会残留咖啡的淡淡余香。

考核指南

(一) 基础知识部分

1. 意式浓缩咖啡的制作原理

2. 制作意式浓缩咖啡时所使用的器具

3. 意式浓缩咖啡制作流程

(二) 操作技能部分

制作一份意式浓缩咖啡,要求动作规范、熟练,富有技巧性。

习题

1. 浓缩咖啡制作的质量与下列因素有关,除(　　)以外。

A. 咖啡粉末的粗细　　B. 咖啡粉量的多少

C. 压咖啡粉的力度　　D. 咖啡机的规格

2. 一杯质量合格的浓缩咖啡的油脂颜色呈现(　　)色。

A. 红褐　　B. 金黄　　C. 咖啡　　D. 乳白

3. 如何判断一杯浓缩咖啡质量是否合格,以下条件均符合,除(　　)以外。

A. 油脂较为厚重

B. 杯子倾斜 45 度,油脂层不会露出黑色咖啡液

C. 能够适合制作各式意式咖啡

D. 十分钟内口中仍会残留咖啡余味

第三专题　卡布奇诺

学习目标

1. 掌握卡布奇诺的制作原理。
2. 熟练掌握卡布奇诺的制作技术。
3. 具备咖啡师咖啡制作操作技能及服务素养能力。

视　频

发明历史

卡布奇诺(Cappuccino)的意思是意大利泡沫咖啡(见图4.3.1)。1525年以后的圣方济教会(Capuchin),修士都穿着褐色道袍,头戴一顶尖尖的帽子。圣方济教会传到意大利时,当地人觉得修士很特殊,就给他们起了"Cappuccino"这名字,原意指僧侣所穿的宽松长袍和小尖帽,源自意大利文"头巾",即"Cappuccino"。意大利人爱喝咖啡,发现浓缩咖啡、牛奶和奶泡混合后,颜色就像是修士所穿的深褐色道袍,于是便灵机一动,就给牛奶加咖啡又有尖尖奶泡的饮料,取名为卡布奇诺。

英文中最早使用这一名称是在1948年,当时旧金山的一篇报道,最先介绍卡布奇诺饮料,然后一直到1990年以后,它才成为世人耳熟能详的咖啡饮料。卡布奇诺咖啡是一种加入等量的意大利特浓咖啡和蒸汽泡沫、牛奶相混合的意大利咖啡。传统的卡布奇诺咖啡,即我们所说的"干卡布",是1/3浓缩咖啡、1/3蒸汽牛奶和1/3泡沫牛奶混合而成。整杯咖啡有着特浓咖啡的浓郁口感、润滑细腻的奶泡以及香醇温绵的牛奶,一气呵成,颇有汲精敛露的韵味,在奶泡上再撒些肉桂粉,混以自下而上的意式咖啡的醇香,这就是让很多咖啡爱好者们魂萦梦牵的传统式卡布奇诺——干卡布奇诺(Dry Cappuccino)。

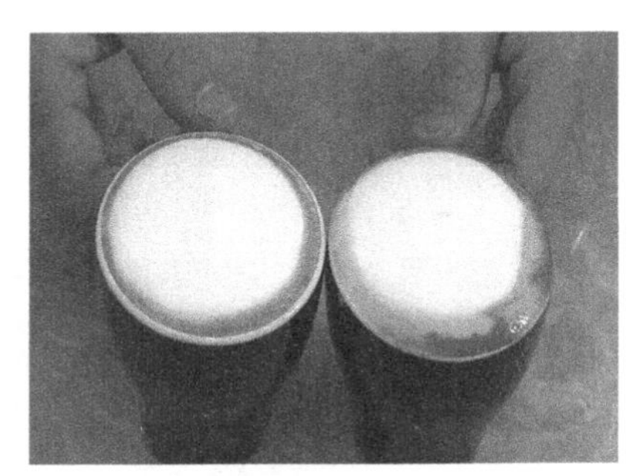

图4.3.1　卡布奇诺

那么接下来,就让我们一起来揭晓传统卡布奇诺独特的魅力所在吧。

制作原理

卡布奇诺根据其浓缩咖啡、牛奶和奶泡三者之间的比例差异分为“干卡布奇诺”和“湿卡布奇诺”两种。

“干卡布”的浓缩咖啡、牛奶和奶泡三者之间的比例为 1∶1∶1;“湿卡布”中浓缩咖啡、牛奶和奶泡三者之间的比例为 0.5∶2∶0.5。在“湿卡布”中,牛奶的比例大大增加,所以液体的流动性更强。于是,我们将流动性极强的牛奶奶泡,冲入意式浓缩咖啡中,形成了美丽的拉花图案,所以目前比较受现代消费者欢迎的卡布奇诺咖啡,其实指的是牛奶比例较大的“湿卡布奇诺”。

准备工作

制作器具设备及原料:意式咖啡机、磨豆机、粉锤、咖啡机手柄(见图 4.3.2)、拉花杯(见图 4.3.3)、卡布杯(见图 4.3.4)、湿毛巾(见图 4.3.5)、勺子(见图 4.3.6)、咖啡豆和牛奶(见图 4.3.7)。

图 4.3.2　咖啡机手柄

图 4.3.3　拉花杯

图 4.3.4　卡布杯

图 4.3.5　湿毛巾

图 4.3.6　勺子

图 4.3.7　牛奶

制作过程

(一) 干卡布奇诺的制作过程

1. 清洗

首先，我们需要将咖啡手柄上残留的咖啡残渣进行清洗，清洗完毕后将咖啡机上的手柄取下，拿一块干净的干布将咖啡手柄中的残粉擦拭干净(见图 4.3.8)。

2. 取粉

当咖啡粉研磨结束后，我们将咖啡粉取到手柄中(见图 4.3.9)。

图 4.3.8　用干净抹布将手柄上残粉擦拭干净

图 4.3.9　取粉

3. 布粉

取粉结束后，我们发现咖啡粉在手柄内呈现一个小山丘的形状，我们需要将咖啡粉进行合理的布粉。布粉时轻轻地拍打手柄，然后用中指以逆时针或顺时针的方向进行旋转布粉，从而让咖啡粉较为均匀地分布在手柄上，并将咖啡手柄两侧的咖啡粉渣擦拭干净(见图 4.3.10)。

图 4.3.10　布粉

4. 填压

布粉结束后，用粉锤进行垂直填压。在填压咖啡粉时需要注意让身体出现两个直角，分别是肘关节和肩关节呈现90度的直角，同时让手指呈现一个“三点定位”的状态，从而去感受粉锤与手柄之间是否达到垂直效果，并且用力均匀地往下压。填压结束时，将粉锤进行一个顺时针地旋转，从而在旋转过程中，使残粉得以旋出，这样就可以非常容易地将残粉倒出手柄，再用手指轻轻抹一下手柄边缘即可，这样在填压完，手柄就会比较干净，并且也没有太多的残粉残留在手柄处（见图4.3.11）。

图4.3.11　填压

5. 萃取

在萃取之前，我们需要习惯性地给咖啡机放水（见图4.3.12），大约5—10秒，从而使得咖啡机冲煮头温度达到理想的萃取温度。水放完后，需将咖啡手柄立即扣上咖啡机准备冲煮，在套手柄时注意将手柄箍紧，以免热水喷洒出来烫伤自己。套上手柄后，立即按下萃取键，一般的咖啡机都有5—10秒的时间进行咖啡粉的预浸泡，这样咖啡师就有足够的时间将咖啡杯摆放在手柄的下方。当咖啡液萃取到20毫升后，就可以立即结束萃取（见图4.3.13）。

图4.3.12　放水

图4.3.13　萃取

6. 奶泡打发

在打发奶泡前，需要将蒸汽棒进行放气，放气的过程就是用一块干净的湿抹布将蒸汽棒的头裹住，并将蒸汽棒推至内侧进行放气，因为长时间不使用蒸汽棒，遇冷后管道里的水蒸气就会凝成水，堵住管道，所以需要进行放气，完成彻底的汽化，然后就可以进行打奶（见图4.3.14）。先将280毫升的牛奶放入600毫升的奶缸中。由于干卡布的奶泡较厚，所以需要将30%左右的牛奶打成奶泡（见图4.3.15），奶泡打好后，需要立即对蒸汽棒进行擦拭以及放气(见图 4.3.16)。

如果打好的奶泡上存留一些细小的气泡,就采用这种震动和摇晃的方式将奶泡中的气泡进行沉淀,从而形成细腻、绵软、有光泽的奶泡(见图 4.3.17)。

图 4.3.14 将蒸汽棒中的水汽化

图 4.3.15 奶泡打发

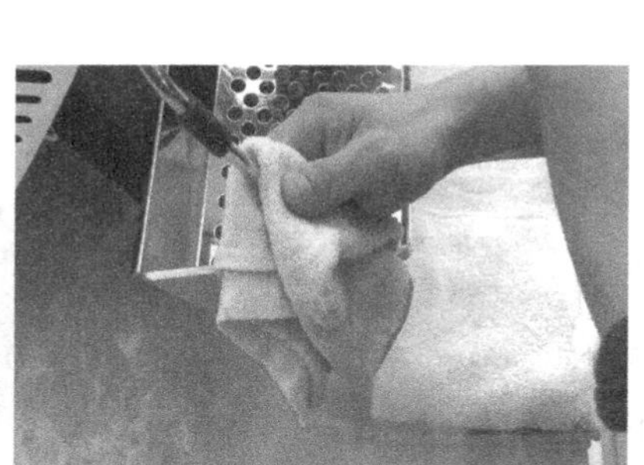

图 4.3.16 打完奶,擦拭蒸汽棒并放气

图 4.3.17 通过震动和摇晃,使奶泡绵密细腻

7. 制作干卡布

首先,借助一个勺子将奶缸中浮在上层的奶泡隔离一下,先将牛奶倒入刚才萃取好咖啡液的咖啡杯中(见图 4.3.18),当牛奶倒至咖啡杯 1/3 时,将勺子从奶缸口移开,让奶泡缓缓地流入杯中,当奶泡流至咖啡杯的 2/3 时,借助勺子将奶泡和牛奶一起刮进咖啡杯中(见图 4.3.19),当奶泡的表层超过咖啡杯边缘 1 厘米左右,停止

图 4.3.18 用勺子抵住奶泡,先加入牛奶

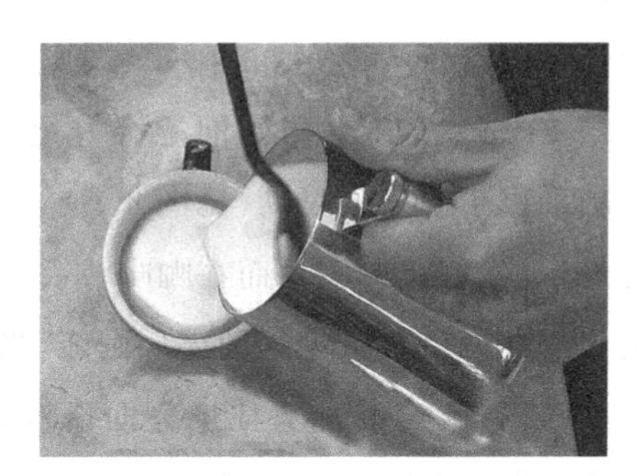

图 4.3.19 牛奶倒至杯子 1/3 处,刮奶泡入杯

倒入，然后用勺子的圆底在奶泡的中间轻轻地抹平并提拉（见图 4.3.20）。这样就顺势在奶泡的中间形成一个尖尖的小圆锥形，这便是“圣方济教会修士们的帽子”，卡布奇诺名字的由来（见图 4.3.21）。

图 4.3.20　勺子底部抹平奶泡并提拉

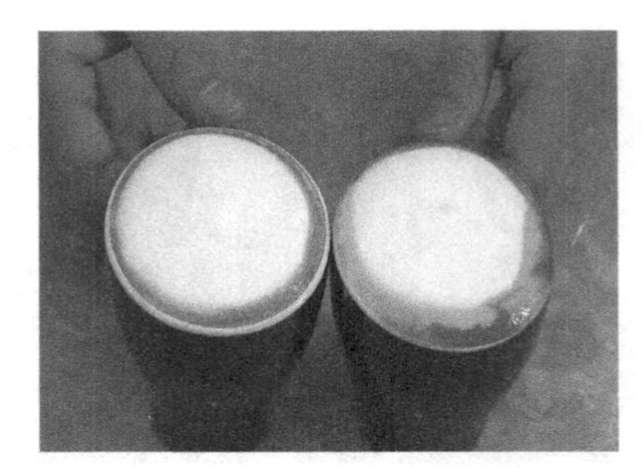

图 4.3.21　干卡布奇诺制作完成

(二) 湿卡布奇诺的制作过程

1. 奶泡打发

在湿卡布奇诺的制作过程中，前期的意式浓缩咖啡的萃取过程和干卡布奇诺是一致的，在此就不赘述，主要从打奶泡开始。湿卡布的奶泡比例不需要像干卡布那样高，将奶泡打至整个牛奶的 15% 左右即可（见图 4.3.22），奶缸的温度控制在 60℃左右，就可以结束。

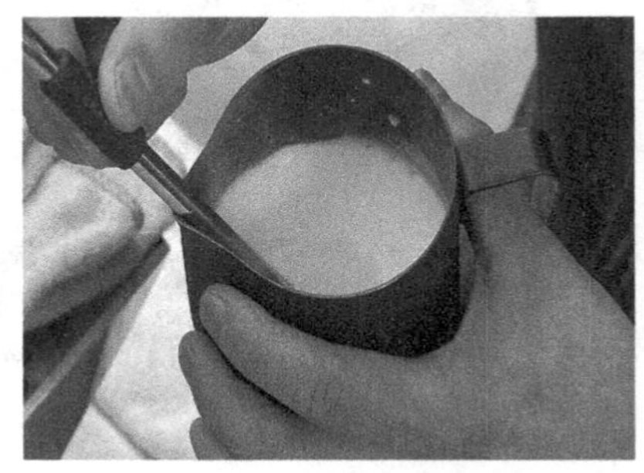

图 4.3.22　将奶泡打至整个牛奶的 15%

2. 拉花

拉花时，左手拿住装有 Espresso 的咖啡杯，右手握住奶缸的手柄，先将拉花缸拿高，再将奶泡往下倒入 Espresso 中；在整个注入过程中，注意奶泡流量的稳定性以及对速度的把控，以缓慢的速度注入，避免流量忽大忽小的状况发生，使咖啡浓缩液和牛奶奶泡充分融合，融合液的颜色分布均衡，无气泡产生。

当 Espresso 和牛奶奶泡融合好之后，开始拉花。辅助以手腕处的晃动（见图 4.3.23），使得牛奶随之进行轻微的晃动，从而在咖啡液表面拉出以杯心为中心向两侧扩散推送的层层圆弧，当奶泡往外包覆的时候，就可以顺势往反方向慢慢移动（见图 4.3.24），借由往反方向晃动的路径拉出叶片。这

图 4.3.23　拉花时，辅助以手腕处的晃动

样，一杯充满创意和文艺范的意式拉花卡布奇诺就完成了(见图 4.3.25)。

图 4.3.24　慢慢将卡布杯摆正，奶泡反方向顺势移动

图 4.3.25　一杯"湿卡布奇诺"完成

制作特点

干卡布奇诺和湿卡布奇诺的制作，关键点还是在于浓缩咖啡、牛奶、奶泡三者的比例分配。

干卡布奇诺中浓缩咖啡、牛奶、奶泡的比例为：1∶1∶1。

湿卡布奇诺中浓缩咖啡、牛奶、奶泡的比例为：0.5∶2∶0.5。

考核指南

(一) 基础知识部分

1. 卡布奇诺(干卡布和湿卡布)的制作原理

2. 制作卡布奇诺咖啡时所使用的器具

3. 传统卡布奇诺(干卡布)和现代卡布奇诺(湿卡布)的制作流程

(二) 操作技能部分

1. 制作一份传统卡布奇诺(干卡布)，要求动作规范、熟练，富有技巧性

2. 制作一份现代卡布奇诺(湿卡布)，要求动作规范、熟练，富有技巧性

习题

1. 卡布奇诺咖啡中特浓咖啡、蒸汽泡沫和牛奶的混合比例为(　　)。

A. 1∶1∶1　　　　B. 0.5∶0.5∶2

C. 0.5∶2∶1　　　　D. 2∶1∶1

2. 在用粉锤填压咖啡粉时，手臂的肘关节需要呈(　　)度角。

A. 30　　B. 45　　C. 60　　D. 90

3. 在用粉锤填压手柄中的咖啡粉时，手指采用(　　)定位法，使得粉锤能够紧压咖啡粉。

A. 拇指和食指　　B. 拇指、食指和中指

C. 拇指、食指和无名指　　D. 五指

4. 在奶泡打得不够绵密的时候，我们可以通过(　　)来进行弥补。

A. 刮掉上层粗奶泡　　B. 重新打奶泡

C. 用手动打奶泡设备来增加奶泡量　　D. 震奶和摇奶

5. 在制作干卡布时，将牛奶倒入装有浓缩咖啡杯子的(　　)时，可刮入奶泡。

A. 1/2　　B. 1/3　　C. 1/4　　D. 2/3

6. 湿卡布奇诺中，浓缩咖啡、牛奶、奶泡的比例为(　　)。

A. 1∶1∶1　　B. 0.5∶1∶1　　C. 0.5∶1∶0.5　　D. 0.5∶2∶0.5

7. 制作湿卡布奇诺时，将奶泡打至整杯牛奶的(　　)即可。

A. 10%　　B. 15%　　C. 20%　　D. 30%

8. 制作湿卡布奇诺时，将牛奶打至(　　)℃即可。

A. 40　　B. 50　　C. 60　　D. 80

9. 在制作湿卡布奇诺时，拉花部分需要注意倒入的奶泡流量的(　　)指标。

A. 体积　　B. 速度　　C. 稳定性　　D. 密集度

10. (　　)，表示浓缩咖啡和牛奶进行了充分融合。

A. 咖啡浓缩液和牛奶有明显的分层效果

B. 咖啡浓缩液完全包裹住牛奶

C. 牛奶完全包裹住咖啡浓缩液

D. 咖啡浓缩液和牛奶融合液的颜色分布均衡，无气泡产生

第四专题　拿铁

1. 掌握拿铁的制作原理。
2. 熟练掌握拿铁的制作技术。
3. 具备咖啡师咖啡制作操作技能及服务素养能力。

发明历史

1683年，土耳其军队第二次进攻维也纳，当时的维也纳皇帝奥博德一世与波兰国王奥古斯都二世订有攻守同盟，约定波兰人只要得知维也纳被敌人入侵的消息，增援大军就会迅速赶到。但问题是，谁来突破土耳其人的重围去给波兰人送信呢？曾经在土耳其游历的维也纳人柯其斯基自告奋勇，他以流利的土耳其话骗过围城的土耳其军队，跨过多瑙河，搬来了波兰军队。

奥斯曼帝国的军队虽然骁勇善战，但在波兰和维也纳军队的夹击下，还是仓皇逃窜了。逃走时，他们在城外丢下了大批军需物资，其中就有500袋咖啡豆，伊斯兰世界控制了几个世纪都不肯外流的咖啡豆就这样轻而易举地到了维也纳人手上。但是维也纳人不知道这是什么东西，只有柯其斯基知道这是一种神奇的饮料。于是他请求把这500袋咖啡豆作为他突围求救的奖赏。于是，他利用这些战利品开设了维也纳的首家咖啡馆——蓝瓶子(Blue Bottle)。

刚开始的时候，咖啡馆的生意并不好。原因是基督教世界的人不像穆斯林那样喜欢连咖啡渣一起喝下去；另外，他们也不太适应这种浓黑焦苦的饮料。于是聪明的柯其斯基改变了配方，过滤掉咖啡渣，并加入大量牛奶——这就是如今咖啡馆较为常见的拿铁咖啡的原创版本。

“拿铁”是意大利文“Latte”的译音，原意为牛奶。拿铁咖啡(Coffee Latte)是花式咖啡的一种，是咖啡与牛奶交融的极致之作(见图4.4.1)。那么，现在就让我们一起徜徉在意式咖啡的文艺与浪漫之旅中吧。

图 4.4.1　拿铁

 制作原理

拿铁咖啡的制作原理：

拿铁咖啡属于意式咖啡的一种。在西方，人们将用奶泡绘制图案的咖啡制作方式叫做“Latte Art”，即咖啡拉花艺术。而意大利语“Caffe Latte”，意为“咖啡＋牛奶”，就是“拿铁”的由来。

在拿铁咖啡中，意式浓缩咖啡占 1/3，加热的牛奶占 2/3，另有约 1 厘米厚的奶泡，并且借助这些牛奶和奶泡在咖啡中拉出美妙的图案。

准备工作

制作器具设备及原料：意式咖啡机、磨豆机、粉锤、奶缸（见图 4.4.2）、拿铁杯、咖啡机手柄、湿毛巾、咖啡豆和牛奶。

图 4.4.2　奶缸

 制作过程

（一）清洗咖啡手柄

首先，我们需要将咖啡手柄上残留的咖啡残渣进行清洗，清洗完毕后将咖啡机上

的手柄取下，拿一块干净的干布将咖啡手柄中的残粉擦拭干净。

(二) 取粉

当咖啡粉研磨结束后，我们将咖啡粉取到手柄中。

(三) 布粉

取粉结束后，我们发现咖啡粉在手柄内呈现一个小山丘的形状，我们需要将咖啡粉进行合理的布粉，布粉时轻轻地拍打手柄，然后用中指以逆时针或顺时针的方向进行旋转布粉，从而让咖啡粉较为均匀地分布在手柄上，并将咖啡手柄两侧的咖啡粉渣擦拭干净。

(四) 填压

布粉结束后，用粉锤进行垂直填压。在填压咖啡粉时需要注意让身体出现两个直角，分别是肘关节和肩关节呈现 90 度的直角，同时让手指呈现一个"三点定位"的状态，从而去感受粉锤与手柄之间是否达到垂直效果，并且用力均匀地往下压。填压结束时，将粉锤进行一个顺时针地旋转，从而在旋转过程中，使得残粉得以旋出，这样就可以非常容易地将残粉倒出手柄，并用手指轻轻抹一下手柄边缘即可，这样在填压完，手柄就会比较干净，并且也没有太多的残粉残留在手柄处。

(五) 萃取

在萃取之前，我们需要习惯性地给咖啡机放水，大约 5—10 秒钟，从而使得咖啡机冲煮头温度达到理想的萃取温度。水放完后，需将咖啡手柄立即扣上咖啡机准备冲煮，在套手柄时注意将手柄箍紧，以免热水喷洒出来烫伤自己。套上手柄后，立即按下萃取键，一般的咖啡机都有 5—10 秒的时间进行咖啡粉的预浸泡，这样咖啡师就有足够的时间将咖啡杯摆放在手柄的下方。当咖啡液萃取到 29 毫升后，就可以立即结束萃取。

(六) 奶泡打发

在打发奶泡前，需要将蒸汽棒进行放气，放气的过程就是用一块干净的湿抹布将蒸汽棒的头裹住，并将蒸汽棒推至内侧进行放气，因为长时间不使用蒸汽棒，遇冷后管道里的水蒸气就会凝成水，堵住管道，所以需要进行放气，完成彻底的汽化，然后就可以进行打奶。先将 300 毫升的牛奶放入 600 毫升的奶缸中。拿铁的奶泡需要具有一定的流动性，所以将 15%左右的牛奶打成奶泡，也就是在 1 厘米左右；牛奶打发时，需要注意整杯牛奶的温度尽量控制在60℃以内，因为牛奶的成分中有一种物质叫做乳糖，乳糖在60℃以上就会消失，所以拿铁的牛奶温度应控制好；奶泡打好后，需要立即对蒸汽棒进行擦拭以及放气。

如果打好的奶泡上存留一些细小的气泡，就采用震动和摇晃的方式将奶泡中的气泡进行沉淀，从而形成细腻、绵软、有光泽的奶泡。

(七) 融合

接下来就是浓缩咖啡与牛奶、奶泡的融合。倒牛奶的时候，左手拿咖啡杯，右手拿奶缸，将牛奶倒入咖啡杯的时候，协调地轻摇咖啡杯和拉花奶缸，以画圈圈的方式进行融合（见图4.4.3），在此过程中，牛奶不能出现断流现象，使得牛奶和咖啡进行完全地融合。倒牛奶的时候注意动作缓慢而平滑，奶量的流量和速度均要控制好，在最初使得牛奶滑入咖啡油沫底下，而奶缸壶口上应该离咖啡液体表面至少10厘米。牛奶冲击到杯子底部时就会被反弹回来，从而搅动咖啡。

图4.4.3 以画圈方式将牛奶奶泡融入咖啡

(八) 拉花

当牛奶倒至咖啡杯1/2位置时，将奶缸杯口接近咖啡杯中液体的表面，然后在咖啡表层冲出一个白色的泡沫圆点（见图4.4.4），这个白色的圆点会向设计图案的四周扩散，为设计图案留出空间。这时牛奶继续下沉到咖啡液体以下，而奶泡则用来制作图案。当牛奶倒至咖啡杯的2/3位置时，开始进行拉花（见图4.4.5）。这样，一杯浓郁芬芳的拿铁咖啡就完成了（见图4.4.6）。

图4.4.4 牛奶倒至杯子1/2处，冲出一个圆点

图4.4.5 牛奶倒至杯子2/3时开始拉花

图4.4.6 拿铁咖啡制作完成

制作特点

(一) 拉花

拿铁与卡布奇诺，同样都有拉花的成分，但也有本质上的不同。卡布奇诺（湿卡布奇诺）的奶泡更加绵密、厚重，而拿铁的奶泡厚度一般在0.5—1厘米之间；卡布奇诺（湿卡布奇诺）的牛奶含量在150毫升左右，拿铁的牛奶含量在260毫升左右。

(二) 奶缸的选择

制作拿铁拉花时，奶缸的选择：尖口的奶缸，方便制作叶子一类的图形；宽口的奶缸，可以大水流地制作拉花图形，方便制作郁金香、爱心等图形。

制作完成的拿铁咖啡，包含了牛奶、奶泡和意式浓缩咖啡，整杯中咖啡会呈现一种天鹅绒般的丝滑质感，在液体表面会有薄薄的一层深色咖啡油沫与白色的奶泡共同组成的一幅幅优美光滑的图案。自由式拿铁咖啡拉花艺术的精彩之处就在于精美的意式浓缩咖啡、质感丰富的牛奶以及咖啡师在咖啡饮品表面设计出精美绝伦的艺术作品的技能及才华。

自由式拿铁咖啡拉花艺术因为它特有的意式浓缩咖啡与牛奶的完美融合以及强烈突显咖啡饮品的视觉及味觉诉求，使得咖啡师的技艺、创造力以及激情彰显无疑，从而成为咖啡饮品中的翘楚。

考核指南

(一) 基础知识部分

1. 拿铁咖啡的制作原理

2. 制作拿铁咖啡时所使用的器具

3. 拿铁咖啡的制作流程

(二) 操作技能部分

制作一份拿铁咖啡，要求动作规范、熟练，富有技巧性。

习题

1. “拿铁”是意大利文“Latte”的译音，原意为(　　)。

　A. 咖啡　　B. 奶泡　　C. 牛奶　　D. 巧克力

2. “拿铁”的奶泡厚度为(　　)。

　A. 0.1—0.2 厘米　　B. 0.5—1 厘米　　C. 1—2 厘米　　D. 2—3 厘米

3. “拿铁”中意式浓缩的含量大约是(　　)毫升。

　A. 20　　B. 25　　C. 26　　D. 29

4. 在制作拿铁拉花时，叶子一类的图形可采用(　　)奶缸。

　A. 尖口　　B. 宽口

5. 在制作拿铁拉花时，郁金香图形可采用(　　)奶缸。

　A. 尖口　　B. 宽口

6. 在制作拿铁拉花时，爱心图形可采用(　　)奶缸。

　A. 尖口　　B. 宽口

7. 在制作奶泡时，牛奶的温度尽量控制在(　　)℃以内。

　A. 80　　B. 70　　C. 60　　D. 50

8. 在制作拿铁咖啡时，需要用到以下的器具，除了(　　)。

　A. 粉锤　　B. 奶缸　　C. 浓缩杯　　D. 手柄

9. 拿铁的奶泡和卡布奇诺的奶泡相比，更加具有(　　)。

　A. 绵密性　　B. 厚实性　　C. 流动性　　D. 层次性

10. 制作拿铁时，奶缸的温度要控制好，主要原因是为了防止(　　)物质消失，从而影响到拿铁咖啡的口感。

　A. 气泡　　B. 奶泡　　C. 水分　　D. 乳糖

第五专题　摩卡

学习目标

1. 掌握摩卡咖啡的制作原理。
2. 熟练掌握摩卡咖啡的制作技术。
3. 具备咖啡师咖啡制作操作技能及服务素养能力。

视　频

发明历史

图 4.5.1　摩卡

摩卡咖啡(Cafe Mocha)是一种最古老的咖啡，其历史可追溯到咖啡的起源(见图 4.5.1)。它是由意大利浓缩咖啡、巧克力酱、鲜奶油和牛奶混合而成。

摩卡咖啡豆得名于著名的摩卡港。15 世纪，整个中东非咖啡国家的向外运输业并不兴盛，也门摩卡是当时红海附近主要输出的一个商港，当时主要集中到摩卡港，再向外输出的非洲咖啡，都被统称为摩卡咖啡。而新兴的港口虽然代替了摩卡港的地位，但是摩卡港时期摩卡咖啡的产地依然保留了下来，这些产地所产的咖啡豆，仍被称为摩卡咖啡豆。

我们了解了摩卡咖啡豆的命名来源后，那么摩卡咖啡又是怎样的一款咖啡呢?

制作原理

摩卡咖啡，英文名为 Cafe Mocha，又称为莫咖，意译为阿拉伯优质咖啡，或是巧克力咖啡。摩卡咖啡是意式拿铁咖啡的衍生品，和经典的意式拿铁咖啡一样，通常由三分之一的意式浓缩咖啡和三分之二的牛奶奶泡组成。不过它还会加入少量巧克力，而巧克力通常会以巧克力糖浆的形式加以添加，或者将奶油、可可粉和棉花糖都加在上面，用来加重咖啡的香味，并作为装饰之用。

三、准备工作

制作器具设备及原料：意式咖啡机、磨豆机、粉锤、奶缸、咖啡机手柄、湿毛巾、摩卡杯(见图 4.5.2)、可可粉(见图 4.5.3)、巧克力酱(见图 4.5.4)、咖啡豆和牛奶。

图 4.5.2　摩卡杯

图 4.5.3　可可粉

图 4.5.4　巧克力酱

制作过程

(1) 取一个容积为 250—300 毫升的咖啡杯。

(2) 将意式浓缩咖啡和 5 克左右的可可粉倒入咖啡杯中搅拌均匀(见图 4.5.5)。

图 4.5.5　将浓缩咖啡和 5 克可可粉倒入搅拌

(3) 将牛奶倒入奶缸加热至 60—70℃，打出绵密奶泡并刮除上层粗糙奶泡(见图 4.5.6)。

图 4.5.6　将牛奶加热至 60—70℃，打出奶泡

(4) 轻轻摇晃奶缸，将牛奶和奶泡倒入咖啡中(见图 4.5.7)。

(5) 淋上适量巧克力酱(见图 4.5.8)，用竹签挑出图案即可(见图 4.5.9、图 4.5.10)。

图 4.5.7　轻摇奶缸将牛奶和奶泡倒入咖啡杯

图 4.5.8　淋上巧克力酱

图 4.5.9　用竹签挑出图形

图 4.5.10　一杯摩卡咖啡制作完成

制作特点

这样的一杯摩卡咖啡，将咖啡的浓郁，奶泡的绵柔以及巧克力的香甜完美融合，并配上可爱的图案造型，是不是很能打动你的心呢？那么，赶快自己动手，尝试做一杯香甜浓郁的摩卡咖啡吧！

考核指南

(一) 基础知识部分

1. 摩卡咖啡的制作原理

2. 制作摩卡咖啡时所使用的器具

3. 摩卡咖啡的制作流程

(二) 操作技能部分

制作一份摩卡咖啡,要求动作规范、熟练,富有技巧性。

习题

1. 在摩卡咖啡中,我们通常加入以下物质,除了(　　)以外。

A. 意式浓缩　　B. 奶油　　C. 巧克力　　D. 牛奶

2. 摩卡咖啡豆的命名源于(　　)。

A. 产地名称　　B. 咖啡豆品种　　C. 港口名称　　D. 烘焙方法

3. 制作摩卡咖啡时,我们通常使用的杯子采用(　　)毫升。

A. 100　　B. 150　　C. 200　　D. 300

第六专题　摩卡壶

学习目标

1. 掌握摩卡壶咖啡制作原理。
2. 熟练掌握采用摩卡壶制作咖啡的技术。
3. 具备咖啡师咖啡制作操作技能及服务素养能力。

视　频

发明历史

一个世纪前，电子工业还不发达，咖啡馆里的半自动意式机还没有被发明出来，当时的高压蒸汽意式机从成本规模到操作都着实让人压力山大。于是，在1933年，家用摩卡壶(Moka Pot)应运而生，它的发明者是意大利人 Bialetti。摩卡壶发明的原动力是为意大利家庭妇女所研发的一种能够在家为家庭早餐冲煮牛奶咖啡的工具。意大利90%的家庭都拥有摩卡壶。虽然从严格意义上讲，由摩卡壶制作出来的咖啡，不能算是浓缩萃取，其更接近于滴漏式，但其咖啡的浓度和风味仍是非常吸引人的。

摩卡壶，这种意大利最简单的家庭咖啡制作工具，由它所创造出来的经典意式香浓咖啡，就是摩卡壶浓香咖啡。

制作原理

制作原理上，摩卡壶就是利用蒸汽的高压力来萃取咖啡。虽然与具备大锅炉的专业意式机相比，摩卡壶所提供的压力略小，但比起体积巨大、价格昂贵的专业意式机，摩卡壶无疑是制作意式香浓咖啡最简单轻便的器具。

首先，我们来研究一下这个摩卡壶的结构(见图4.6.1)。

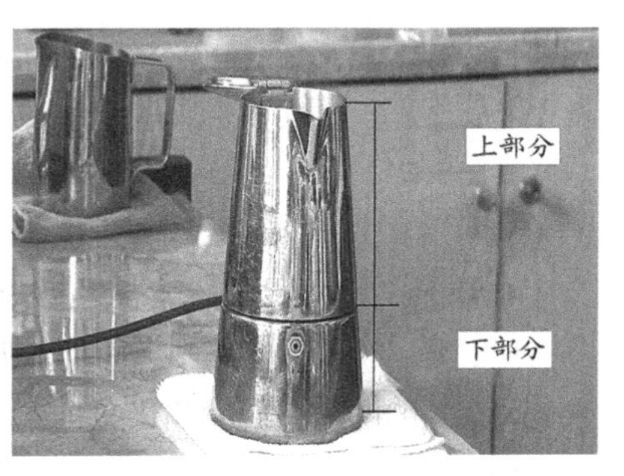

图4.6.1　摩卡壶

摩卡壶从外观上看，跟普通的烧水壶有几

分相像，如果你从中间拧开，就会发现和普通的水壶相差甚远。摩卡壶呈上下结构，不透明；下壶盛水，中间放粉，上壶可获得最终的咖啡(见图 4.6.2)。

图 4.6.2　摩卡壶 2

准备工作

制作器具设备：摩卡壶、磨豆机。

制作过程

(1) 我们按照制作四人份的咖啡量来制作一壶咖啡。那么先要准备 200 毫升的水，往下壶中注水，并注意水位不要高过安全阀(见图 4.6.3)。

(2) 按照粉水 1∶5 的比例(见图 4.6.4)，往中间的粉碗里面装入约 40 克的咖啡粉，咖啡粉要求细度研磨，即取刻度为“7”。

图 4.6.3　在下壶中倒入 200 毫升的水

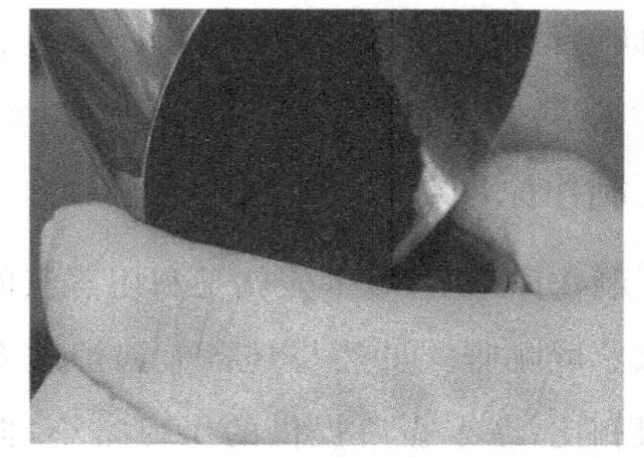

图 4.6.4　按照 1∶5 粉水比例倒入咖啡粉

(3) 取一张滤纸，将滤纸润湿，并将滤纸贴到上壶的底部，旋紧上下壶。

(4) 然后将摩卡壶放到电磁炉上加热，打开上壶的盖子(见图 4.6.5)，等水烧开后沸腾，然后由出水口流出，当大量的水流出来，看到有很多气泡出来后，便可以关上火了(见图 4.6.6)。

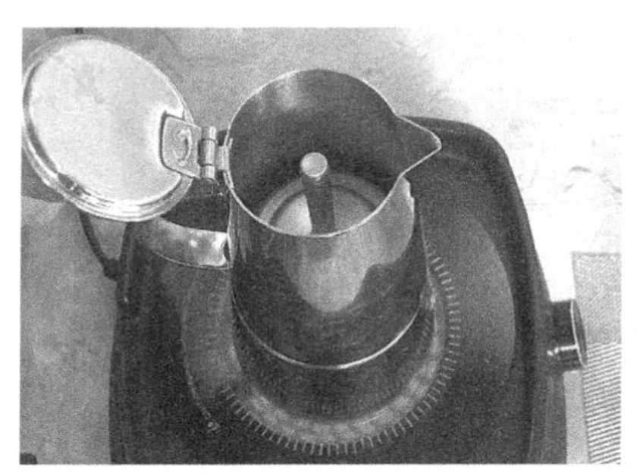
图 4.6.5　将摩卡壶放在电子炉上，打开上盖

图 4.6.6　看到气泡出来后，便可关火

（5）将上壶中的咖啡倒入温过的咖啡杯中，一杯香醇浓郁的意式香浓咖啡就制作完成了（见图 4.6.7）。

图 4.6.7　一杯香浓咖啡便制作完成

制作特点

虽然摩卡壶使用起来简单方便，但在使用过程中仍然需要注意一些细节问题：

（1）下壶装水一定要高过安全阀。

（2）咖啡粉需要细度研磨。

（3）下壶底需贴上过湿的滤纸，防止咖啡渣漫到上壶中，另一方面也可以过滤掉过多的咖啡醇。

（4）上壶一定要旋紧，防止在加热过程中被压力冲出来。

（5）加热的时候，上壶壶盖呈现打开状态。

（6）加热完毕后，直接倒出咖啡，不要旋开上下壶，以免烫伤。

考核指南

（一）基础知识部分

1. 用摩卡壶制作香浓咖啡的制作原理

2. 制作香浓咖啡时所使用的器具

3. 摩卡壶香浓咖啡的制作流程

(二) 操作技能部分

使用摩卡壶制作一份香浓咖啡，要求动作规范、熟练，富有技巧性。

习题

1. 用摩卡壶制作出的咖啡，属于(　　)咖啡。

A. 摩卡　　B. 意式浓缩　　C. 拿铁　　D. 意式香浓

2. 用摩卡壶制作咖啡，其粉水比例取(　　)。

A. 1∶1　　B. 1∶5　　C. 1∶10　　D. 1∶15

3. 用摩卡壶制作咖啡，其咖啡粉要求为细研磨度，一般取研磨刻度(　　)。

A. 5　　B. 6　　C. 7　　D. 8

4. 在使用摩卡壶制作咖啡时，需要注意往下壶中注水，水位(　　)安全阀。

A. 齐平于　　B. 高于　　C. 低于

5. 在使用摩卡壶制作咖啡时，当摩卡壶处于加热状态时，上壶壶盖呈现(　　)状态。

A. 关闭　　B. 旋紧　　C. 打开　　D. 卸下

6. 当摩卡壶加热完毕后，(　　)。

A. 直接倒出咖啡饮用

B. 旋开上下壶，从上壶中取咖啡饮用

C. 从下壶中倒出咖啡饮用

D. 待到咖啡冷却后，旋开上下壶，取咖啡液饮用。

7. 摩卡壶的结构包括以下几个部分，不属于的是(　　)。

A. 上壶　　B. 下壶　　C. 粉碗　　D. 过滤片

第七专题　馥芮白

视　频

1. 掌握馥芮白制作原理。
2. 熟练掌握馥芮白的制作技术。
3. 具备咖啡师咖啡制作操作技能及服务素养能力。

发明历史

在星巴克的官网上，如此描述馥芮白(Flat White)："选用星巴克精粹浓缩咖啡，用更少的水量精粹出更香醇的咖啡；同时蒸煮牛奶，至奶泡绵密顺滑。将牛奶缓缓倒进咖啡，让香甜遇见醇厚，以白色圆点结束最终的制作。精粹之美，简即艺术!"

那么，到底 Flat White 为何物呢?

澳大利亚 Toby's Estate 咖啡馆首席咖啡师 Deaton Pigot 曾将 Flat White 称作"湿的卡布奇诺"，而《纽约时报》称其为"小份拿铁"。Workshop Espresso 的咖啡师 Levi Hamilton 认为这两种说法都不对："真正的区别在于咖啡上面的奶泡"。卡布奇诺的意思是"奶泡帽子"，所以卡布奇诺表面有很厚的奶泡，而 Flat White 上面只有很薄的一层，并且是平(Flat)的。

制作原理

图 4.7.1　馥芮白、拿铁、卡布奇诺对比

一般来说，与卡布或拿铁咖啡一样，馥芮白的基础是两份的浓缩咖啡，但牛奶的处理方式，却显示出它与拿铁、卡布的区别(见图 4.7.1)：

卡布的奶泡是质地不同的粗奶泡(Dry Foam),更像是漂浮于液体之上。而制作馥芮白的牛奶不需要像卡布奇诺那样将牛奶煮沸,只需要加热到60—70℃,比原来的牛奶量增长25%就差不多了,这就是为什么馥芮白的温度总是比卡布奇诺要低一些,而口感上不似于卡布的蓬松感,馥芮白的口感是润滑的。

那么馥芮白和拿铁有什么区别呢?拿铁的最上层是一层奶泡,因此喝起来牛奶味更浓,而馥芮白用的是呈现纹理的牛奶(Micro Foam),而不是起泡牛奶。

拿铁的奶泡厚度在0.5厘米以上,口感比较绵柔,而馥芮白的奶泡泡身在5毫米左右,牛奶与浓缩咖啡的融合度很高,口感比较丝滑。

比起拿铁,馥芮白中浓缩咖啡的含量比拿铁高,不仅使得咖啡口感更浓郁,又能充分感受到牛奶的细腻柔滑。

而馥芮白和拿铁在拉花方面的不同之处在于:拿铁需要少许的奶泡进行拉花,而馥芮白则是用牛奶直接拉花。馥芮白一入口,像是带着牛奶般滑顺香浓的浓缩咖啡,牛奶的丝滑伴随着咖啡香的浓醇,隐约间感受到浓缩咖啡强烈的冲击。

准备工作

制作器具设备及原料:意式咖啡机、磨豆机、粉锤、奶缸、咖啡机手柄、湿毛巾、咖啡豆和牛奶。

制作过程

(1) 制作意式浓缩咖啡(见图4.7.2)。

(2) 打发奶泡,将鲜牛奶加热到60—70℃(见图4.7.3),牛奶量增加25%左右即可,奶泡泡身控制在5毫米左右。

(3) 将牛奶奶泡旋转式注入浓缩咖啡中,保证牛奶与浓缩咖啡的完全融合。

图4.7.2 制作浓缩咖啡

图4.7.3 注入60—70℃的牛奶

(4) 在距离咖啡杯杯口 1 厘米处,呈现 0.5 厘米的奶泡时,即可停止注奶,牛奶以圆点形状结束(见图 4.7.4)。

(5) 一杯醇香绵密的馥芮白制作完成了(见图 4.7.5)。

图 4.7.4　呈现 0.5 厘米奶泡时,以圆点形状结束注奶

图 4.7.5　一杯香醇绵密的馥芮白制作完成

五、制作特点

馥芮白以其更为浓郁的浓缩咖啡比例和口感,以及比拿铁、湿卡布奇诺更为高的牛奶融合比例,使得馥芮白咖啡具有浓郁、香醇及奶味绵密的口感,是一款更为浓醇的精纯之作。

考核指南

(一) 基础知识部分

1. 馥芮白咖啡的制作原理

2. 制作馥芮白咖啡时所使用的器具

3. 馥芮白咖啡的制作流程

(二) 操作技能部分

制作一份馥芮白咖啡,要求动作规范、熟练,富有技巧性。

习题

1. 馥芮白的英文名为(　　)。

A. Flate White　　B. Flat White　　C. Latte　　D. Fat White

2. (　　)Toby's Estate 咖啡馆首席咖啡师 Deaton Pigot 曾将馥芮白称之为"湿的卡布奇诺"。

A. 英国　B. 法国　C. 澳大利亚　D. 意大利

3. 馥芮白和拿铁、卡布奇诺的区别在于(　　)。

A. 咖啡豆品种　B. 是否拉花　C. 奶泡处理方式　D. 咖啡容量

4. 制作馥芮白时，将牛奶蒸煮到比原来的牛奶量增加(　　)%即可。

A. 10　B. 20　C. 25　D. 30

5. 在馥芮白中，奶泡泡身的厚度大约为(　　)。

A. 2 厘米　B. 1 厘米　C. 0.5 厘米　D. 0.5 厘米以下

6. 在拿铁、卡布奇诺和馥芮白三款咖啡中，(　　)咖啡的意式浓缩咖啡的浓度最高。

A. 拿铁　B. 卡布奇诺　C. 馥芮白

7. 在星巴克咖啡馆中，馥芮白的制作最终以(　　)结束。

A. 心形拉花图案　B. 叶子拉花图案　C. 泡沫帽子　D. 圆点

8. 曾经，(　　)报刊将馥芮白称作为"小份拿铁"。

A.《纽约时报》　B.《泰晤士报》　C.《华盛顿邮报》　D.《华尔街日报》

9. Flat White 中的"Flat"，源自于(　　)。

A. 咖啡表面是平的　B. 奶泡表面是平的

C. 牛奶表面是平的　D. 巧克力酱表面是平的

10. 制作馥芮白时，需要(　　)的奶泡。

A. 丰富　B. 绵密　C. 大气泡　D. 少量

第八专题　浓缩衍生系列

学习目标

视　频

1. 掌握意式浓缩及其衍生系列咖啡的制作原理。
2. 熟练掌握意式浓缩及其衍生系列咖啡的制作技术。
3. 具备咖啡师咖啡制作操作技能及服务素养能力。

发明历史

意式浓缩咖啡 Espresso，我想大家都不会陌生。在意大利人眼中，只有"Espresso"才算得上是咖啡，而正宗的意大利咖啡是要站着喝的。

原因在于意大利地狭人稠，寸土寸金，倘若如此众多的咖啡馆统统设座，既占地又费钱，所以意大利人选择了站着喝。而正宗的意大利蒸汽咖啡浓烈无比，提神醒脑，就算站一会儿也不会觉得累，而且，站着喝咖啡的好处在于"快喝快走，好给其他客人腾地"，意大利人常点的 Espresso，意思为"快"，泡一杯只需要 10 秒钟。

而这种风俗其实也不过是 60 年的历史，制作 Espresso 的机器，于 1946 年，由意大利人阿奇加夏发明。Espresso 一定要用小玻璃杯，浅浅斟上小半杯，而初尝者一天只能喝两杯，否则心脏是要吃不消的。意大利人认为：正宗的意式咖啡是不加奶的，而卖加奶咖啡的咖啡馆不是正宗的咖啡馆。所以说，意大利人的"精致生活"理念，把喝咖啡这件事直接与文化艺术性相挂钩。而且在意大利咖啡馆，点咖啡也需要极致的技巧。一般来说，Espresso（意式浓缩咖啡）是一天 24 小时都适用的，但如果你想点 Cappuccino（奶沫咖啡）的话，就必须在早晨 10 点半之前。

制作原理

那么，何为 Espresso 呢？以 7 克深度烘焙的综合咖啡豆，研磨成极细的咖啡粉，经过 9 个大气压与摄氏 90℃的高温蒸汽，在 20 秒的短时间内急速萃取 30 毫升的浓烈咖啡液体，我们称之为 Espresso（见图 4.8.1）。

一杯Espresso制作成功的主要标志是看表面是否漂浮着一层厚厚的呈现棕红色的油亮泡沫——Cream(克丽玛)。Espresso的最大特点也就是香浓与口感的凝聚,一般正统的喝法是加糖后,略微搅拌,马上一饮而尽,在享受香浓口感的同时,咖啡因的摄入却大为减少。这种将咖啡口味发挥到极致却又能顾及健康的饮法,使得全球的咖啡专家公认为Espresso是咖啡之魂。

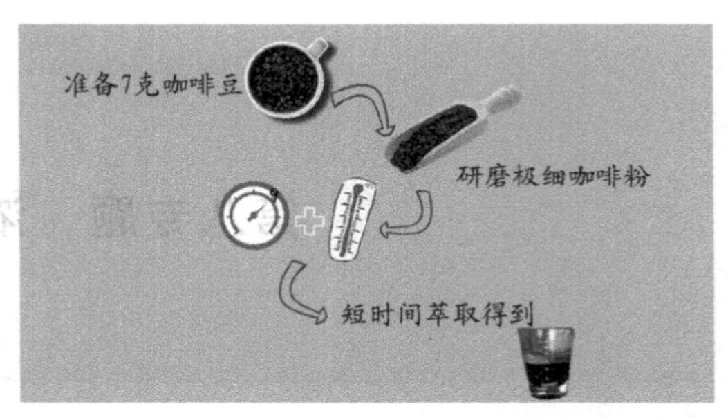

图 4.8.1　Espresso制作原理

意式浓缩咖啡的特点

当然Espresso早已不是简单的"浓缩咖啡"了。

它是一种综合咖啡的艺术,可以让人穷其一生研究它的配方。

一般而言,日晒法的咖啡都较为香醇;而水洗法的豆子较有甜味;1—2年的新豆有较为活泼的酸质和口感;而陈年豆则较为沉稳浓稠。

Espresso通常采用较深的烘焙度,将脂质转移到细胞孔的出口,这时烘焙温度已超过200℃,差几秒就可能毁掉整锅豆子,不得不说,Espresso烘焙度的掌握本身就是一门艺术。

Espresso是一种用科技来烹煮咖啡的方法,它必须符合:咖啡粉的分量在5—8克之间,水温在85—95℃之间,水压在7—9个大气压之间,过滤时间则不能低于25秒,也不能高于35秒。如此,煮制的一杯咖啡,才能算最香浓的Espresso咖啡。

Espresso充满无限创意:由于Espresso的味道浓厚,加入牛奶或其他饮料也不会被稀释,所以可以做成各种花式咖啡:

加入牛奶、肉桂粉就可以制成卡布奇诺(见图4.8.2);

加入牛奶、巧克力酱就可以制成摩卡咖啡(见图4.8.3);

图 4.8.2　卡布奇诺

图 4.8.3　摩卡咖啡

如果只加入奶泡，则成了一杯玛琪雅朵(见图 4.8.4)；

加入鲜奶油，又成了香甜的康宝蓝(见图 4.8.5)。

图 4.8.4　玛琪雅朵

图 4.8.5　康宝蓝

意式浓缩饮用特点

当然，Espresso 最能体现的是意大利人最为精致的生活态度和感受。

在意大利，Espresso 是当地人每日生活必备。

早晨，先在家中喝一杯拿铁，由于拿铁中牛奶、奶泡和咖啡的比例是 2∶0.5∶1，所以相当于是一杯“咖啡牛奶”，作为早餐必选再适当不过。

之后，又会到咖啡店点一杯 Espresso，在吧台前几小口将它喝掉。在等待的时间里，也可以与人攀谈或打招呼。而咖啡馆也成为人们每日必到的联谊场所。

所以说，Espresso 演绎的不仅仅是咖啡，更是意大利式的万般风情。

考核指南

(一) 基础知识部分

1. 意式浓缩咖啡及其衍生系列咖啡的制作原理

2. 制作意式浓缩咖啡及卡布奇诺、摩卡、玛琪雅朵、康宝蓝时所使用的器具

3. 制作意式浓缩咖啡及卡布奇诺、摩卡、玛琪雅朵、康宝蓝的制作流程

(二) 操作技能部分

1. 制作一份意式浓缩咖啡，要求动作规范、熟练，富有技巧性

2. 制作一份玛琪雅朵，要求动作规范、熟练，富有技巧性

3. 制作一份康宝蓝，要求动作规范、熟练，富有技巧性

习题

1. 意式浓缩咖啡往往采用(　　)克的咖啡豆

A. 4　　B. 7　　C. 12　　D. 15

2. 意式浓缩咖啡制作是否成功的标志在于(　　)。

A. 咖啡液的多少　　B. Cream 的呈现

C. 在规定时间内萃取完成　　D. 咖啡液呈现黑褐色

3. 制作 Espresso 的烘焙度，大约在(　　)。

A. 180　　B. 188　　C. 200　　D. 220

4. Espresso 的制作，需要将蒸汽水温控制在(　　)。

A. 60℃以下　　B. 60—70℃　　C. 80—90℃　　D. 85—95℃

5. Espresso 的制作咖啡粉萃取时，过滤时间不能低于(　　)秒。

A. 15　　B. 20　　C. 25　　D. 30

6. Espresso 的制作，咖啡粉萃取时，过滤时间不能高于(　　)秒。

A. 30　　B. 35　　C. 40　　D. 45

7. 以 Espresso 为基础，制作拿铁咖啡，其牛奶、奶泡和浓缩咖啡的比例为(　　)。

A. 1∶1∶1　　B. 2∶0.5∶0.5　　C. 2∶0.5∶1　　D. 2∶1∶1

8. 在意大利人眼中，拿铁咖啡又称为(　　)。

A. 泡沫咖啡　　B. 牛奶咖啡　　C. 奶泡咖啡　　D. 巧克力咖啡

9. 以 Espresso 为基础，只加入奶泡，便制作成一杯(　　)。

A. 摩卡　　B. 卡布奇诺　　C. 玛琪雅朵　　D. 焦糖玛奇朵

10. 以 Espresso 为基础，只加入鲜奶油，便制作一杯(　　)。

A. 摩卡　　B. 卡布奇诺　　C. 焦糖玛奇朵　　D. 康宝蓝

第九专题　创意新品

学习目标

1. 掌握咖啡创意新品的制作原则。
2. 熟练掌握六款咖啡创意新品的制作技术。
3. 具备咖啡师咖啡制作操作技能及服务素养能力。

咖啡创意新品的制作理念

从选豆、烘焙、混合、研磨到萃取，每一步都成为影响咖啡口感的关键，因此在制作过程中，要专注、沉着、连贯、有条不紊。

一杯好的咖啡，更多的是咖啡师对咖啡的理解，包括咖啡的生长环境、种植条件、采摘以及加工方式等，这些都会影响到咖啡的味道。

煮咖啡时，只是多一秒、少一秒，咖啡就会有不同的口感。

从纯粹的 Espresso 到充满艺术的 Latte；从完美醇香的 Cappuccino 到迷离鬼魅的爱尔兰咖啡，款款经典都有着数百年、上千年的历史文化，值得我们学习、研究。

咖啡创意新品的制作原则

千篇一律，不是咖啡的特点，它充满变化，而每一个细微的变化都有它丰富的内涵，这恰好是令人着迷的地方。创意咖啡对于许多咖啡师来说，并不陌生，制作一份创意咖啡并不难，但它有七个原则：

（1）了解不同咖啡的差异和不同做法下给咖啡口感带来的影响。

（2）了解各种食材的特性和食用方法，学会处理食材，将处理不当的食材加入咖啡中，会有不好的口感。

（3）了解市面上所有类别的饮品制作方法，以及国内外各个地区的饮品特色，并加以学习制作，这对于未来创意咖啡制作的选择有很大的帮助。

（4）将创意咖啡与自己的咖啡制作爱好相结合，或者和人们的饮食习惯相结合，最好每一款创意咖啡都贴近生活，从而寻找出灵感。

（5）万事俱备，开始尝试制作带来灵感的创意咖啡，改进配方和制作方法，力求完美；

（6）为有缘人调制自己的创意咖啡，讲述创意咖啡的故事。

（7）一款经典的创意咖啡不能独享，要将好的创意咖啡制作方法介绍给同行，使得这款咖啡让更多的人认识，让这款咖啡得到更多的分享，不然也就失去了它作为创意咖啡创作的意义。

制作方法

(一) 抹茶咖啡

抹茶咖啡如图 4.9.1 所示，其制作过程如下。

图 4.9.1　抹茶咖啡

（1）将 5 克抹茶粉倒入拿铁杯中，与 20 毫升温水融合（见图 4.9.2）。

（2）往拿铁杯中加入一勺糖浆（见图 4.9.3），与抹茶溶液搅拌均匀。

图 4.9.2　将抹茶粉与温水混合溶解

图 4.9.3　往拿铁杯中加入一勺糖浆

（3）打发奶泡（见图 4.9.4），将 280 毫升牛奶倒入奶缸中进行打发，当牛奶温度上升至 60—70℃时，停止打奶（奶泡制作要求等同于拿铁咖啡的奶泡制作要求）。

（4）将牛奶奶泡注入拿铁杯中，进行拉花（见图 4.9.5）。

（5）一杯清香浓郁的“抹茶咖啡”就制作完成了（见图 4.9.6）。

图 4.9.4　打发奶泡

图 4.9.5　将牛奶奶泡注入拿铁杯，进行拉花

图 4.9.6　一杯清香浓郁的抹茶咖啡制作完成

(二) 苹果石斛

图 4.9.7　苹果石斛

苹果石斛如图 4.9.7 所示，其制作过程如下。

(1) 取半个苹果，去皮去核(见图 4.9.8)，切片后，放入榨汁机中(见图 4.9.9)。

(2) 取 2 根洗净的石斛，切成段后(见图 4.9.10)，一起放入榨汁机中(见图 4.9.11)。

(3) 榨汁机中加入冰块(见图 4.9.12)，和苹果片、石斛段一起榨汁搅拌(见图 4.9.13)。

(4) 将榨好的苹果石斛汁倒入饮料杯即可(见图 4.9.14)。

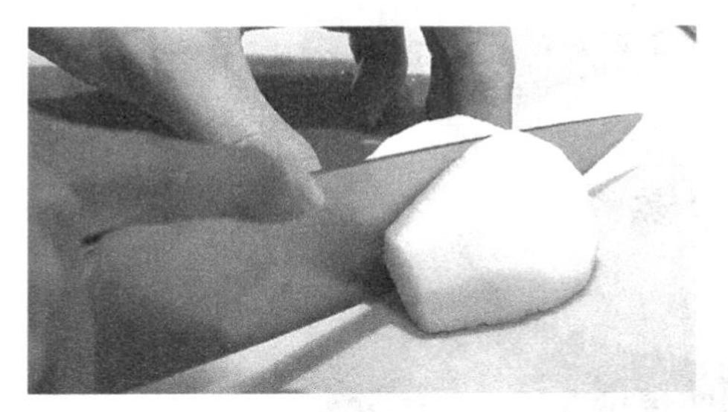
图 4.9.8　将苹果去皮去核、切片

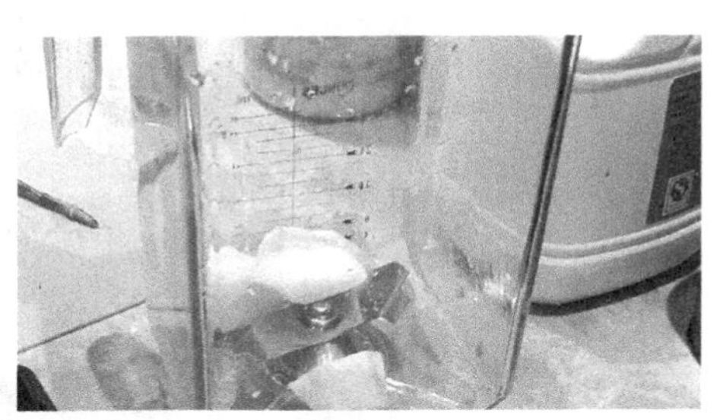
图 4.9.9　将苹果片放入榨汁机

图 4.9.10 将洗净的石斛切段

图 4.9.11 将石斛段放入榨汁机中

图 4.9.12 往榨汁机中放入冰块

图 4.9.13 榨汁搅拌

图 4.9.14 将榨好的苹果石斛汁倒出即可

(三) 红茶拿铁

红茶拿铁如图 4.9.15 所示，其制作过程如下。

图 4.9.15 红茶拿铁

(1) 先取一红茶包放入拿铁杯中进行浸泡，浸泡时间为 5 分钟(见图 4.9.16)。

图 4.9.16　将红茶包在拿铁杯中浸泡 5 分钟

图 4.9.17　打发奶泡

(2) 奶泡打发(见图 4.9.17)，将 280 毫升的牛奶倒入奶缸中进行打发，当牛奶温度上升至 60—70℃时，停止打奶(奶泡制作要求等同于拿铁咖啡的奶泡制作要求)。

(3) 将牛奶奶泡注入拿铁杯中，进行拉花(见图 4.9.18)。

(4) 一杯香醇爽口的红茶拿铁咖啡就这样制作完成了(见图 4.9.19)。

图 4.9.18　将牛奶奶泡注入拿铁杯，进行拉花

图 4.9.19　一杯香醇爽口的红茶拿铁制作完成

(四) 咖啡橙子扎片

咖啡橙子扎片如图 4.9.20 所示，其制作过程如下。

图 4.9.20 咖啡橙子扎片

(1) 取一个橙子进行切片(见图 4.9.21)。

(2) 各取一份咖啡粉和白砂糖(见图 4.9.22、图 4.9.23)。

图 4.9.21　橙子切片

图 4.9.22　取一份咖啡粉

图 4.9.23　取一份白砂糖

图 4.9.24　橙子一面沾上咖啡粉

(3) 将橙子片的一面沾上咖啡粉(见图 4.9.24),另一面沾上白砂糖(见图 4.9.25),然后将橙子片往沾有咖啡粉的一面往里折叠,并用牙签穿过橙子片进行固定(见图 4.9.26)。

图 4.9.25　橙子另一面沾上白砂糖

图 4.9.26　将橙子片折叠,并用牙签固定

(4) 就这样,一份醇香清口的“咖啡橙子扎片”制作完成了。

(五) 热巧克力

热巧克力如图 4.9.27 所示,其制作过程如下。

图 4.9.27　热巧克力

(1) 先往拿铁杯中加入5毫升的糖浆(见图4.9.28)。

(2) 再在拿铁杯中倒入2毫升的巧克力酱(见图4.9.29),并将巧克力酱与糖浆均匀融合(见图4.9.30)。

(3) 制作浓缩咖啡(见图4.9.31)。

(4) 奶泡打发,将280毫升的牛奶倒入奶缸中进行打发,当牛奶温度上升至60—70℃时,停止打奶(奶泡制作要求等同于拿铁咖啡的奶泡制作要求)。

(5) 将牛奶奶泡注入拿铁杯中,进行拉花(见图4.9.32)。

(6) 一杯香甜的"热巧克力"拿铁咖啡就这样制作完成了。

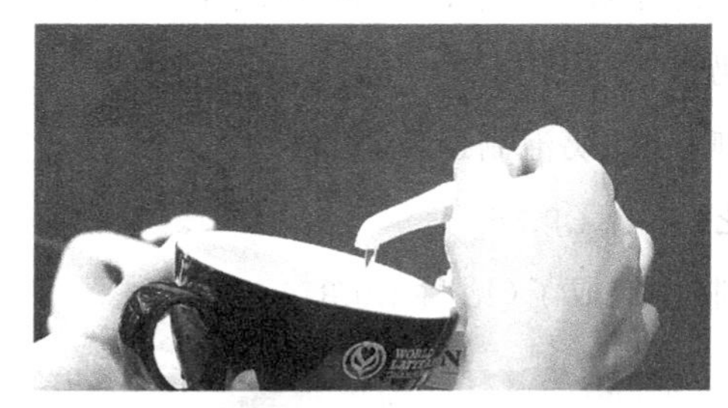

图4.9.28 在拿铁中倒入5毫升糖浆

图4.9.29 再往拿铁杯中倒入2毫升巧克力酱

图4.9.30 将巧克力酱和糖浆均匀融合

图4.9.31 制作浓缩咖啡

图4.9.32 将牛奶奶泡注入拿铁杯进行拉花

(六) 香草榛果拿铁

香草榛果拿铁如图4.9.33所示,其制作过程如下。

(1) 先往拿铁杯中注入5毫升的香草糖浆和榛果糖浆(见图4.9.34)。

图 4.9.33　香草榛果拿铁

(2) 制作一份浓缩咖啡,将浓缩咖啡注入放有糖浆的拿铁杯中(见图 4.9.35)。

(3) 奶泡打发,将 280 毫升的牛奶倒入奶缸中进行打发,当牛奶温度上升至 60—70℃时,停止打奶(奶泡制作要求等同于拿铁咖啡的奶泡制作要求)。

(4) 将牛奶奶泡注入拿铁杯中,进行拉花(见图 4.9.36)。

(5) 一杯香甜的“香草榛果拿铁”就这样制作完成了(见图 4.9.37)。

图 4.9.34　往拿铁杯中注入香草、榛果糖浆

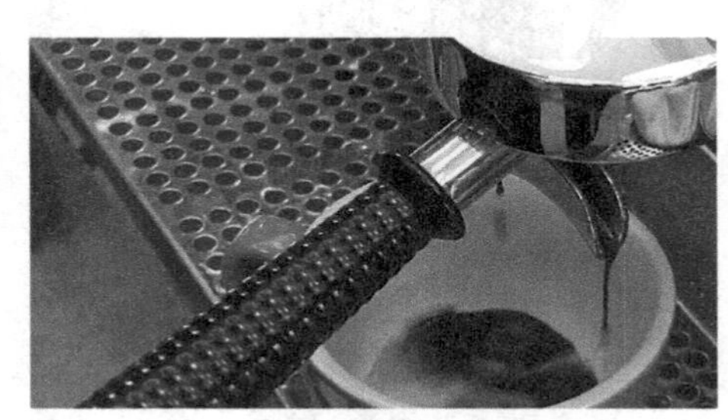

图 4.9.35　将浓缩咖啡注入拿铁杯

图 4.9.36　将牛奶奶泡注入拿铁杯进行拉花

图 4.9.37　香甜的“香草榛果拿铁”制作完成

考核指南

(一) 基础知识部分

1. 咖啡创意新品的制作原则

2. 制作六款创意新品所使用的器具
3. 制作六款创意新品的制作流程

(二) 操作技能部分

1. 制作一份抹茶咖啡,要求动作规范、熟练,富有技巧性
2. 制作一份苹果石斛,要求动作规范、熟练,富有技巧性
3. 制作一份红茶拿铁,要求动作规范、熟练,富有技巧性
4. 制作一份咖啡橙子扎片,要求动作规范、熟练,富有技巧性
5. 制作一份热巧克力,要求动作规范、熟练,富有技巧性
6. 制作一份香草榛果拿铁,要求动作规范、熟练,富有技巧性

第十专题　拉花集锦

1. 掌握咖啡拉花艺术的制作原则。
2. 熟练掌握九款咖啡拉花的制作技术。
3. 具备咖啡师咖啡制作操作技能及服务素养能力。

视　频

咖啡拉花艺术的制作理念

咖啡拉花艺术，使咖啡可以用眼睛来欣赏。

咖啡拉花艺术，即将打成奶泡的牛奶倾倒进浓缩咖啡中，从而得到咖啡表面上带有设计图案的拿铁咖啡的制作方式。

拉花艺术，也可以是直接在奶泡表面上画出简单的图案。

拉花艺术在技术上需要不断地锤炼。因为拉花对浓缩咖啡杯和牛奶都有一定的要求，并且拉花的好坏，与咖啡师的经验及制作浓缩咖啡的机器质量都有关系。倾倒出美丽的拉花图案对于咖啡师来说，绝对是想成为拿铁咖啡艺术家的最大挑战。

咖啡拉花的成分

拿铁咖啡拉花，实际上是两种粘稠液体的混合，即浓缩咖啡和牛奶微泡。浓缩咖啡是指带有咖啡脂的粘稠液体咖啡，牛奶微泡是指用奶泡机打成泡沫状的牛奶。牛奶本身需要全脂的液体牛奶，而咖啡则是呈现出浓稠的液状。咖啡和牛奶二者均不是稳定的状态。咖啡脂是从浓缩咖啡中分离出来的，而奶泡则是从液体牛奶中得到的。咖啡脂和奶泡会在短短的几分钟内消失殆尽，因此咖啡拉花保持的时间也很短。

咖啡拉花制作步骤

（1）制作带有咖啡脂的浓缩咖啡和牛奶微泡。

（2）将二者合成为拿铁咖啡拉花。在添加牛奶之前，浓缩咖啡必须在表面有足够多的咖啡脂。当白色奶泡倾倒入红棕色的咖啡中，鲜明的色彩对比，呈现出富有创意的图案。

（3）牛奶倒好后，奶泡从液体中分离出来，上升到表面；如果牛奶和浓缩咖啡的量恰到好处，奶缸随着倾倒的动作左右移动，奶泡则会上升，并在表面形成一个图案。有时，可以用拉花针或是牙签，在奶泡表面划出图案，而不一定要在浇注的过程中形成图案。

 咖啡拉花艺术的特色

在咖啡群体中，有这样一个“不同”的观念：咖啡师过于关注拿铁咖啡的造型。

该观点认为咖啡师过于关注咖啡外在的形象，而不是关注花式咖啡本身，如味道等因素。咖啡本身对咖啡师新手来说更为重要。

 咖啡拉花集锦欣赏

图 4.10.1—图 4.10.9 展示了多种咖啡拉花。

图 4.10.1　组合图形落叶

图 4.10.2　叶子

图 4.10.3　郁金香

图 4.10.4　郁金香

图 4.10.5　郁金香

图 4.10.6　莲花

图 4.10.7　反推郁金香

图 4.10.8　漩涡叶

图 4.10.9　钩花小兔子

考核指南

(一) 基础知识部分

1. 咖啡拉花艺术的制作原则

2. 制作拿铁拉花所使用的器具

3. 制作九款咖啡拉花艺术的制作流程

(二) 操作技能部分

制作上述九款拉花造型，要求动作规范、熟练，富有技巧性。

第五模块　单品咖啡

第一专题　手冲咖啡

学习目标

1. 掌握手冲咖啡的制作原理。
2. 熟练掌握采用手冲方式制作单品咖啡。
3. 具备咖啡师咖啡制作操作技能及服务素养能力。

视　频

发明历史

“手冲咖啡”在英文语境中，叫做“Pour Over”，意思是倒水，也就是借由倒水的冲力让咖啡颗粒做适当的翻滚而释放出咖啡物质，又称为“煮一杯咖啡”。

目前，“手冲咖啡”是运用最为广泛的冲煮咖啡的方式之一，只需要简单的器具就可以冲煮一杯纯正醇厚的咖啡。而这种风靡世界的滤泡式冲泡咖啡的方式，源自于一位德国家庭主妇本茨·梅丽塔(Bentz Melitta)在100多年前的发明，从此改写了德国和世界饮用咖啡方式的历史。

本茨·梅丽塔，1873年出生于德累斯顿，身为家庭主妇的她喜欢每天制作现煮咖啡，但又非常不满意于留在金属滤网中的残留气味影响咖啡口感。有一天她突发奇想，在铜碗的底部打上一个孔，将一张吸墨水的纸放在上面，冲入热水后，顿时醇香的咖啡便透过吸墨水纸滴入壶中，就这样梅丽塔夫人发明了能滤渣并保留醇正咖啡香的滤泡方法，即如今“手冲咖啡”的雏形。而在这项发明之前，人们大多使用布料袋过滤咖啡渣，不仅清洗较为麻烦，而且布料袋多次使用后不太卫生，残留在布袋缝隙中的咖啡渣还容易破坏咖啡的口感。

1908年，梅丽塔在皇家专利局注册了她的这项发明：一个底部设有一个出水孔的拱形铜质咖啡滤杯，这就是世界上第一个滤泡式咖啡杯，即单孔的“梅丽塔杯”。现如今，一半以上的德国家庭仍然会拥有一台经典的滤纸式滴漏咖啡自动机，其中6%的家庭还会经常使用梅丽塔早期的滤泡杯，亲手冲泡一杯香醇的德式咖啡。

从20世纪中旬开始，这种古老的冲泡咖啡的方式在东方国家奇迹般地生根开花，尤其在日本、韩国、中国得到前所未有的蓬勃发展，方兴未艾。而日本人从20世纪50年代开始，对梅丽塔滤杯几乎到了“如痴如醉”的境地，各种材质的滤泡式、滴滤式的咖啡滤杯器具层出不穷，建立了一整套手冲式滤泡咖啡的理论和操作技术，得到越来越多咖友们的喜爱。

 制作原理

“手冲咖啡”在制作原理上，其实是属于滤泡式咖啡制作的范畴（见图5.1.1）。制作原理看似简单，但对咖啡师的制作技艺要求很高。咖啡豆的品种、水流的大小，以及萃取时间的长短对咖啡的品质都有一定的影响。

图5.1.1　手冲咖啡

其最本质的制作原理在于：通过注入水，让咖啡颗粒在水流的冲力下进行翻滚，从而释放出咖啡物质。其制作过程最佳的状态在于：注水时，所有的咖啡颗粒均在溶液的最上层，当所有的颗粒都浮在上方的时候，就会在底部产生一个过滤层，咖啡液通过滤孔过滤到咖啡壶内。这是一款最能体现咖啡原味和个性的制作方式。优秀的咖啡师需要最大限度地保证每一杯咖啡的口感和品质均保持一定的水准，而制作一杯品质上乘的“手冲咖啡”的关键点在于“如何让热水在最早的时间冲到底部，让所有的咖啡颗粒都浮在表面；同时水流的大小及注入热水的时间也至关重要”。

 准备工作

（一）制作器具设备及原料

滤杯（见图5.1.2）、滤纸（见图5.1.3）、滤壶（见图5.1.4）、手冲壶（见图5.1.5）、支架（见图5.1.6）、勺子（见图5.1.7）、计时器、电子秤、15克咖啡豆和225毫升水。

图 5.1.2 滤杯

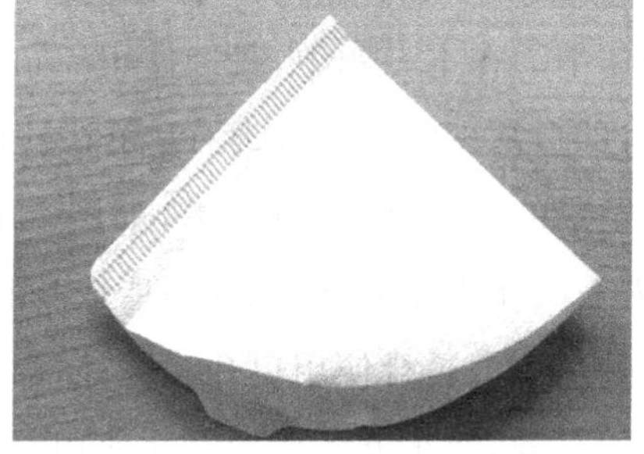
图 5.1.3 滤纸

图 5.1.4 滤壶

图 5.1.5 手冲壶

图 5.1.6 支架

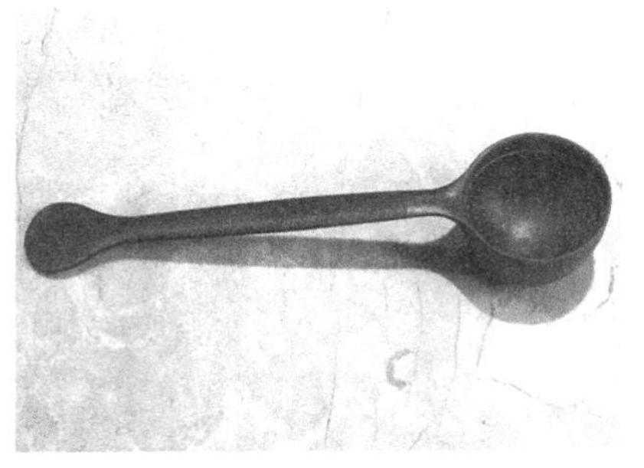
图 5.1.7 勺子

(二) 滤杯介绍

图 5.1.8 滤杯种类

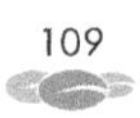

滤杯从外形上可划分为圆锥形和三角形，三角形滤杯最早被广泛应用于手冲咖啡的制作中。在本专题中，我们使用三角滤杯来制作单品咖啡。

目前，常见的滤杯种类有：单孔的梅丽塔式(Melitta)、三孔的卡利塔式(Kalita)以及圆锥形的哈里欧式(Hario)，如图 5.1.8 所示。单孔式滤杯由德国的梅丽塔夫人发明，需一次注水完成，因此容易造成滤杯孔堵塞导致咖啡粉过度浸泡的情况。浅度烘焙的咖啡不太适合使用单孔式滤杯，而中深度咖啡比较适合，所以，这种滤杯比较受德国人的喜爱，而东方人比较喜欢使用三孔滤杯来过滤浅度烘焙的咖啡。三个滤孔的卡利塔式滤杯则容易让热气穿过，因此萃取的咖啡液更加均匀，适用于各种烘焙度的咖啡。

除了孔数之外，滤杯中还有一条条特殊设计的突起，我们称之为滤杯的“肋骨”。设计这些肋骨的目的在于，避免滤纸贴在滤杯上，导致咖啡萃取率降低，味道变薄变淡，滤纸和杯壁之间有间隙，便于热气排出，防止咖啡液温度过高。

(三) 手冲壶的要求

图 5.1.9　手冲壶种类

目前，常见的手冲壶有 Kalita 手冲壶、月兔印手冲壶以及大嘴鸟手冲壶(见图 5.1.9)。

制作手冲咖啡时，所使用的手冲壶非常重要，需要符合以下几个要求：

(1) 底部宽广的设计，有助于水压的控制，尤其在水量减少的时候，宽广的底部所提供的面积可以大大稳住水压。

(2) 稳定的供水，稳定不间断的水柱可以让咖啡颗粒均匀地翻滚，不会因为水柱间断而让颗粒沉淀到底部。

(3) 水柱的压力要够大，但不可以靠大水柱来达成。因为大水柱会造成水量过多，而让咖啡颗粒排气遭到阻挡；当水柱变大时，可以拉高高度让水柱变细，这样一来就可以慢慢翻滚咖啡，也不怕水量一下子变多。

制作过程

（1）首先称取15克新鲜的咖啡豆开始研磨（见图5.1.10），研磨度选用中度研磨（6—7刻度）。

图5.1.10　称取15克新鲜咖啡豆进行研磨

（2）将滤纸放入滤杯中固定（见图5.1.11），用手冲壶将热水注入滤杯，将滤纸过湿（见图5.1.12），湿润滤纸的作用在于温热滤杯，以及去除滤纸的异味，同时将客人用的杯子温热，并准备一小杯凉开水。

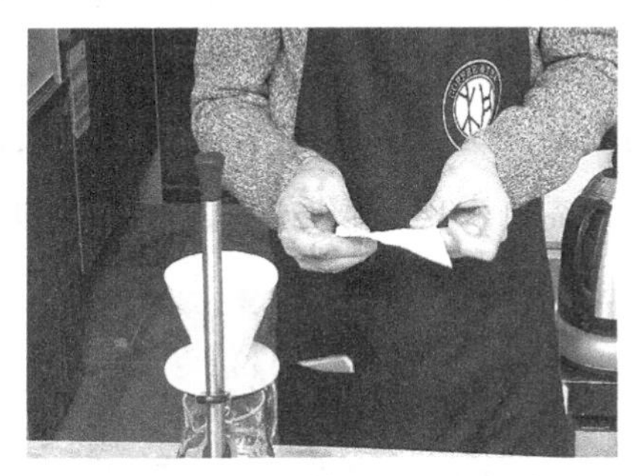

图5.1.11　将滤纸折叠并固定在滤杯中

图5.1.12　将滤纸过湿

（3）接下来开始闷蒸，水温控制在91—92℃，粉与水的比例为1∶15，15克咖啡粉大约需要225克热水。先将咖啡粉轻轻地倒入滤杯中，然后从距离咖啡粉3—4厘米处，以缓慢的速度垂直加入热水，然后按顺时针方向沿着外围注水（见图5.1.13）。当咖啡粉开始膨胀时，停止注水，这时新鲜的咖啡粉会产生大量的气泡，使咖啡粉呈汉堡状，保持这种闷蒸状态30秒左右，开始第二次注水。

图5.1.13　第一次注水，开始闷蒸

(4) 第二次注水，再次以画圆圈的方式，缓慢注入热水，但注意水流不可直接接触滤纸，与咖啡粉边缘保持1厘米的距离(见图5.1.14)。

图 5.1.14　以画圆圈的方式，第二次注水

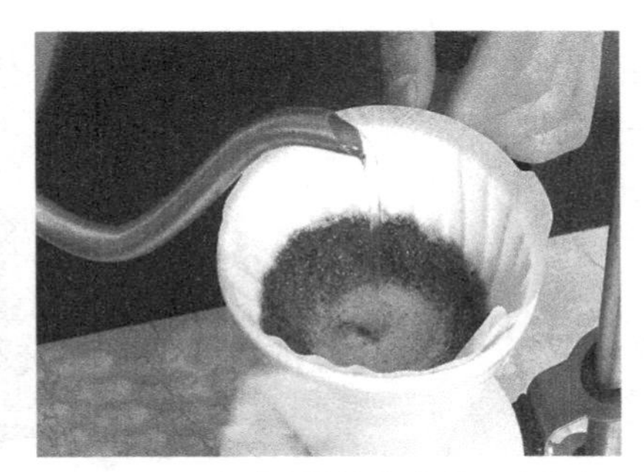
图 5.1.15　咖啡液面低落时，第三次注水

(5) 当膨胀的咖啡粉渐渐消退，咖啡液面低落时，开始第三次注入热水，这时咖啡粉中的成分大部分被萃取出来(见图5.1.15)。在第三次注水时，需要注意不可使萃取时间过长，影响咖啡味道，尽量使第三次注水结束时，滤壶中的咖啡液保持在225克(毫升)左右。

(6) 结束萃取时，将做好的咖啡倒进之前预热好的咖啡杯中(见图5.1.16)，即可饮用。整个过程大致需要3分钟左右，就可以完成咖啡的萃取。如果残留在滤纸上的咖啡粉呈钵状，则萃取方法正确。

(7) 给客人提供手冲咖啡时，可以以整壶的方式上，再配上杯碟，让客人自己分杯；也可以以杯的形式，呈上给客人饮用(见图5.1.17)；当然还需要给客人提供奶粒、糖包和餐巾。

图 5.1.16　结束萃取，为客人温杯

图 5.1.17　为客人呈上咖啡

制作特点

"手冲咖啡"可以说是最具有个人风格的咖啡饮品，没有糖和牛奶的加入，只用手冲工具冲煮出来的咖啡更能突显咖啡豆本身的特性，咖啡的香味也更加浓郁，因此手冲咖啡受到越来越多咖啡消费者的青睐。

用手冲咖啡方式制作的单品咖啡，在咖啡豆的选择上也是独具特色的，它是由原产地出产的单一咖啡豆磨制而成。单品咖啡能够真实地表达咖啡豆的原生态风味，有强烈的专有特性，口感或清新柔和、或香醇顺滑。单品咖啡所选用的豆子多为质量较好的精品豆，这些豆子均是在少数极为理想的地理环境下生长的具有优异味道特点的生豆，它们生长的环境的特殊土壤和气候条件使它们具有出众的风味。

常见的单品咖啡品种有：巴西咖啡、哥伦比亚咖啡、牙买加蓝山咖啡、曼特宁咖啡、埃塞俄比亚摩卡咖啡、哥斯达黎加咖啡、肯尼亚咖啡、危地马拉咖啡等，尤其以牙买加蓝山咖啡最为著名，成为单品咖啡的经典。

考核指南

(一) 基础知识部分

1. 手冲咖啡制作咖啡的原理

2. 采用手冲咖啡制作咖啡时所使用的器具及其特点

3. 手冲咖啡制作流程

(二) 操作技能部分

采用手冲方式制作一杯咖啡，要求动作规范、熟练，富有技巧性。

习题

1.“原产地生产的单一咖啡豆磨制而成的，饮用时一般不加奶或糖的纯正咖啡”，我们称之为(　　)。

A. 黑咖啡　　B. 特浓咖啡　　C. 纯正咖啡　　D. 单品咖啡

2. 单品咖啡所选用的豆子多为质量较好的(　　)。

A. 罗巴斯达咖啡豆　　B. 综合咖啡豆

C. 单一咖啡豆　　D. 精品咖啡豆

3. 在单品咖啡豆中，以(　　)最为著名，成为单品咖啡的经典。

A. 巴西咖啡　　B. 哥伦比亚咖啡

C. 牙买加蓝山咖啡　　D. 曼特宁咖啡

4. 手冲咖啡在英文语境中称为“pour over”，意思为(　　)。

A. 倒出　　　　B. 冲倒　　　　C. 手冲　　　　D. 倒水

5. 制作手冲咖啡时，下列因素对于手冲咖啡的品质有较为重要的影响，除(　　)以外。

A. 咖啡品种　　　　B. 水流大小

C. 萃取时间长短　　　　D. 咖啡杯的类型

6. 在滤杯中，梅丽塔式滤杯一般为(　　)。

A. 单孔　　　　B. 双孔　　　　C. 三孔　　　　D. 四孔

7. 在滤杯中，卡利塔式滤杯一般为(　　)。

A. 单孔　　　　B. 双孔　　　　C. 三孔　　　　D. 四孔

8. 在滤杯中，哈里欧式滤杯一般为(　　)。

A. 三角形　　　　B. 圆锥形　　　　C. 筒形　　　　D. 扇形

9. 对于手冲壶的要求，以下几项中哪一项不属于(　　)。

A. 底部宽广的设计　　　　B. 稳定的供水

C. 较大的水柱压力　　　　D. 较宽的壶口

10. 手冲咖啡萃取结束后，残留在滤纸上的咖啡粉往往呈现(　　)状，表示萃取方式正确。

A. 锥形　　　　B. 钵形　　　　C. 碗形　　　　D. 凹陷形

第二专题　虹吸式咖啡

学习目标

1. 掌握虹吸壶制作咖啡的原理。
2. 熟练掌握用虹吸壶制作咖啡。
3. 具备咖啡师咖啡制作操作技能及服务素养能力。

视　频

发明历史

在咖啡馆等地方我们经常会看到虹吸壶，会有一种似曾相识的感觉，我们曾经在化学课上领略过虹吸壶的魅力，那么将虹吸壶和咖啡融合在一起，是不是有一种魔幻的感觉呢。看着水在烧瓶中沸腾上升，而萃取出来的咖啡顺着吸管缓慢下降，每一步都掌握在煮咖啡人的手中，这在视觉上是一种享受。那么就让我们一起来享受这场“视觉盛宴”吧。

1840 年，一支实验室的玻璃试管，扣动了虹吸式咖啡壶(Syphon)的发明扳机，英国人拿比亚以化学实验用的试管为蓝本，创造出第一支真空式咖啡壶。两年后，法国巴香夫人将这支真空式咖啡壶加以改良，从而诞生了为大家所熟悉的上下对流式虹吸壶。虹吸式咖啡壶的使用在法国流传了很长时间，但真正地流行且被追捧是在 20 世纪中期的丹麦和日本，尤其是日本，日本人喜欢虹吸壶技术本位的务实个性，一板一眼地认真推敲咖啡粉的粗细、水和时间之间的关系，从而产生一系列中规中矩的咖啡制作之道。而唯美主义的丹麦人却额外注重功能设计，丹麦人彼德・波顿(Peter Bodum)，发明了第一支造型虹吸壶，并以“Santos”的名字问市。

制作原理

虹吸式咖啡，即采用虹吸式冲泡法来制作咖啡，利用气压使得适温的热水与咖啡接触而萃取咖啡，它最大的特点就是可以享受到咖啡的原味——一种厚实的口感，并且由于其有较高的演绎效果，所以备受瞩目，一旦爱上，便难以忘怀，这就是虹吸式咖啡的魅力所在吧。

图 5.2.1　虹吸式咖啡

 准备工作

制作器具设备及原料：烧瓶(见图 5.2.2)、烧杯、过滤器(见图 5.2.3)、红外线加热炉(酒精灯，见图 5.2.4)、搅拌棒(竹刀，见图 5.2.5)、定时器(见图 5.2.6)、干净的湿布、咖啡杯(见图 5.2.7)、15 克咖啡豆和 225 毫升水。

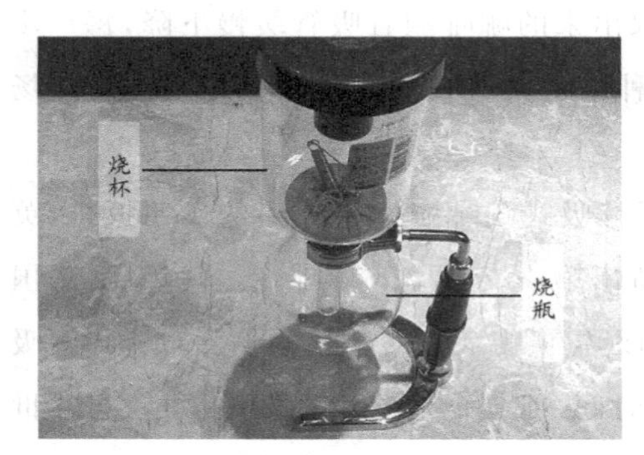

图 5.2.2　烧瓶和烧杯

图 5.2.3　过滤器

图 5.2.4　红外线加热炉

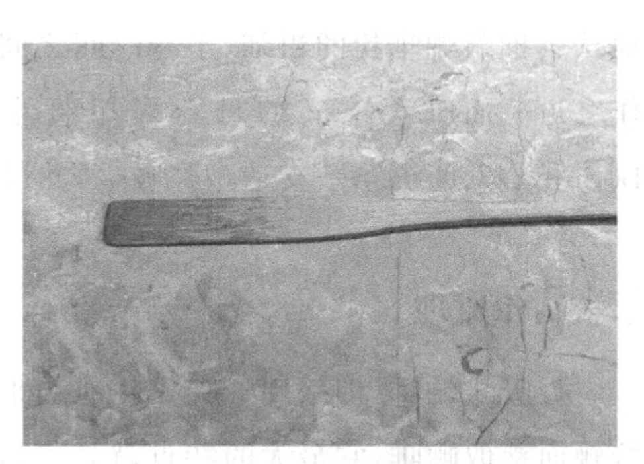

图 5.2.5　搅拌棒(竹刀)

图 5.2.6　定时器和干净的湿布

图 5.2.7　一杯凉开水和咖啡杯

制作过程

(1) 首先，取 15 克新鲜咖啡豆进行研磨（见图 5.2.8），研磨刻度采用 5.5 度，属于中度研磨。

图 5.2.8　取 15 克咖啡豆进行研磨

图 5.2.9　以 1∶15 粉水比注入 225 毫升热水

(2) 以“1∶15”的比例，将 225 毫升的热水，注入烧瓶中（见图 5.2.9），水温可采用 86—92℃，运用炉火的控制技巧，将水温保持在这个温度水平。要注意将烧瓶底部放置于加热炉的正中，并防止水滴落在加热炉上，接下来将萃取壶，也就是烧杯轻轻地斜插入烧瓶中，在插入之前，需要注意用手拉住铁链尾端，轻轻勾在玻璃管末端，防止滤网会被上升的水流冲开、咖啡粉末渗入到烧瓶中，泡出一壶浓厚的咖啡。

(3) 等到烧瓶中有连续大气泡产生时，将上端的烧瓶轻轻扶正（见图 5.2.10），左右轻摇并稍微向下压，注意动作的轻柔。

图 5.2.10　有大气泡时，将烧瓶扶正

图 5.2.11　加入咖啡粉，并十字交叉搅拌

(4) 这时烧瓶中的水开始通过吸管往上升,并开始向烧杯蔓延,等到烧杯中水的上升高度到达 1 厘米左右,加入研磨好的咖啡粉,并用搅拌棒进行"十字交叉"式搅拌(见图 5.2.11),上下左右来回各一次,搅拌动作注意轻柔,同时需带着下压的劲道,将浮在水面的咖啡粉沉浸在水里。第一次搅拌的同时开始计时,大约 40—60 秒。萃取时需注意咖啡粉表面,不可产生大气泡或裂纹,若出现则表示火太大,应将火焰调小一些。

(5) 第一次搅拌后,计时 40 秒,再进行一次搅拌,并采用顺时针搅拌方式,大约转 5 圈(见图 5.2.12),这时将呈现汉堡包状的咖啡粉再一次融入水中。搅拌完毕后,即可将加热炉移开,这时烧杯中的咖啡液立即快速回流到烧瓶中(见图 5.2.13),为加快冷却速度,可用湿毛巾贴住烧瓶,让烧杯中的咖啡液快速回流到烧瓶中,以免萃取过度,增加苦味。

图 5.2.12　再一次顺时针搅拌约 5 圈

图 5.2.13　搅拌完毕后,咖啡液回流到烧瓶

(6) 完成萃取后,前后摇动烧杯,使烧杯和烧瓶分离(见图 5.2.14),并将烧杯放在支架上,把烧瓶中的咖啡倒进事先预热好的咖啡杯中(见图 5.2.15),即可冲煮出一壶美味的黑咖啡。

图 5.2.14　完成萃取后,将烧瓶和烧杯分离

图 5.2.15　将烧瓶中咖啡倒出

(7) 同样,呈上"虹吸式咖啡"时,需要为客人配上牛奶、糖包、咖啡匙以及餐巾纸,盛装咖啡时应选用精美的骨瓷杯,使其别有一番情趣。

(8) 当然,最后一步千万不能忘记,那便是用具的清洗。尤其是过滤器的清洗和保存,需要仔细清洗后用热水煮沸,然后浸入水中并放入冰箱保存。

制作特点

用虹吸式咖啡壶萃取出来的咖啡，口感较为醇厚，采用这种制作方法，能萃取出咖啡中最完美的部分，尤其是咖啡豆的特性中带有一种爽口而明亮的酸，酸中又带有一种醇香，而虹吸式咖啡壶则将这种口感和特色发挥得淋漓尽致。

考核指南

（一）基础知识部分

1. 虹吸式咖啡壶制作咖啡的原理

2. 虹吸式咖啡壶制作咖啡的器具

3. 虹吸式咖啡壶制作咖啡的具体流程

（二）操作技能部分

使用虹吸式咖啡壶制作一杯咖啡，要求动作规范、熟练，富有技巧性。

习题

1. 用虹吸壶制作咖啡时，将热水注入烧瓶时，水温控制在（　　）℃。

A. 60—70　　B. 80—90　　C. 86—92　　D. 100

2. 用虹吸壶制作咖啡时，需将烧瓶底部置于加热炉的（　　）。

A. 上方　　B. 右侧　　C. 下方　　D. 正中

3. 用虹吸壶制作咖啡时，将烧杯轻轻地（　　）放入烧瓶中进行咖啡的萃取。

A. 旋转式　　B. 摇晃式　　C. 直立式　　D. 斜插式

4. 用虹吸壶制作咖啡时，研磨刻度采用（　　）。

A. 5　　B. 5.5　　C. 6　　D. 6.5

5. 等到烧瓶中有（　　）产生时，将烧瓶扶正并往下压。

A. 连续性小气泡　　B. 连续性大气泡

C. 间断性小气泡　　D. 间断性大气泡

6. 往烧杯中加入研磨好的咖啡粉时，用搅拌棒进行（　　）式搅拌。

A. 顺时针旋转　　B. 逆时针旋转　　C. 左右交叉式　　D. 十字交叉式

7. 第二次对烧杯中的咖啡粉进行搅拌时，采用(　　)方式。

A. 顺时针旋转　　B. 逆时针旋转　　C. 左右交叉式　　D. 十字交叉式

8. 对于虹吸壶中过滤器的清洗和保养，描述正确的是(　　)。

A. 仔细清洗后放置于烧杯中，保持虹吸壶的完整性

B. 仔细清洗后，置于户外风干并放置回烧杯中

C. 仔细清洗后用热水煮沸，并进入水中放入冰箱保存

D. 仔细清洗后用热水浸泡，并进入水中保存

9. 在咖啡萃取时，如发现咖啡粉表面产生大气泡或裂纹，说明(　　)。

A. 咖啡粉不够新鲜　　B. 搅拌不均匀

C. 火力太大　　D. 火力太小

10. 用(　　)杯来盛装虹吸式咖啡，较为理想。

A. 骨瓷　　B. 浓缩　　C. 卡布　　D. 拿铁

第三专题　爱乐压

学习目标

1. 掌握爱乐压制作咖啡的原理。
2. 熟练掌握使用爱乐压制作咖啡。
3. 具备咖啡师咖啡制作操作技能及服务素养能力。

视　频

发明历史

"爱乐压"(Aeropress)是一款简单易用，又高效优质的咖啡制作器具(见图 5.3.1)，由美国 Aerobic 公司于 2005 年正式发布，一上市就引起咖啡界的强烈反响。它的发明者是斯坦福大学的机械工程讲师 Alan Adler。

在 2004 年举办的世界级咖啡师竞技大赛中获得优胜的 Tim Wen Delvaux，于 2008 年在自己的咖啡店举办了 WAC(世界爱乐压锦标赛)，自此以后，每年一届的世界爱乐压锦标赛如火如荼地举行，吸引了世界各地的爱乐压爱好者们以及顶级咖啡师们。

图 5.3.1　爱乐压(Aeropress)

制作原理

爱乐压是一种手工烹煮咖啡的简单器具，其外形和结构均像一个针筒，制作原理结合了法式滤压壶的浸泡式萃取法、手冲咖啡的滤泡式滤纸过滤法，以及意式咖啡快速加压萃取原理。所以由爱乐压冲煮出来的咖啡，兼具意式咖啡的浓郁、手冲咖啡的纯净，以及法国压的顺口，是一种应用广泛，又独具个性的冲泡方法。

准备工作

制作器具设备及原料：爱乐压(见图 5.3.2)、漏斗(见图 5.3.3)、咖啡杯(见图 5.3.4)、搅拌棒(见图 5.3.5)、手冲壶、电子秤(见图 5.3.6)、计时器(见图 5.3.7)、15 克咖啡豆和 225 毫升水。

图 5.3.2　爱乐压

图 5.3.3　漏斗

图 5.3.4　咖啡杯

图 5.3.5　搅拌棒

图 5.3.6　电子秤

图 5.3.7　计时器

制作过程(采用反压式的方式)

(1) 首先，将爱乐压的专用滤纸放入滤纸盖内(见图 5.3.8)。

图 5.3.8　将专用滤纸放入滤纸盖内

图 5.3.9　称取 15 克新鲜咖啡豆进行研磨

(2) 接下来，称取 15 克新鲜咖啡豆进行研磨(见图 5.3.9)，研磨刻度采用“6”，即中细研磨度。

(3) 下一步，就是将爱乐压组装好(见图 5.3.10)，在组装前确保整个爱乐压是干燥的，因为多余的水分会破坏内部密封空间，使得萃取出来的咖啡口感遭到破坏。

图 5.3.10　将爱乐压组装好

图 5.3.11　将研磨好的咖啡粉倒入滤筒中

(4) 接下来，将研磨好的咖啡粉倒入爱乐压的滤筒内(见图 5.3.11)，在此过程中可借助这个“漏斗”进行辅助，防止咖啡粉洒落在边缘槽中。

(5) 然后以 1 ∶ 15 的粉水比例，取 85℃的水，第一次将水注入爱乐压中时(见图 5.3.12)，注入两倍粉量的水，如果是 15 克咖啡粉，就需要注入 30 克热水，然后用搅拌棒轻微搅拌，保证咖啡粉全部浸湿后即可停止，并静置 30 秒(见图 5.3.13)。

图 5.3.12　第一次注入 30 毫升的水

图 5.3.13　用搅拌棒轻微搅拌后，静置 30 秒

(6) 30 秒后再第二次注水，一直将水加满直至 225 毫升并静置 1 分钟(见图 5.3.14)。

图 5.3.14 第二次注水至 225 毫升

图 5.3.15 将滤纸过湿，搅拌咖啡后盖上滤盖

(7) 用热水浸湿滤纸，使滤纸更加贴合过滤盖（见图 5.3.15），滤出的热水也会预热置于下方的分享壶；一分钟以后，用搅拌棒均匀地搅拌十圈（顺时针或逆时针方向均可）。搅拌结束后将过滤盖拧紧，然后稍稍地将滤盖往下压（见图 5.3.16），有咖啡液润湿滤盖即可停止，这是为了方便在下一步按压滤筒时减少阻力。接下来将咖啡杯扣在滤盖上，密合完毕后，将爱乐压和咖啡杯同时倒置（见图 5.3.17），并在 30 秒的时间内缓慢压下滤筒（见图 5.3.18）。

图 5.3.16 拧紧滤盖后，将滤盖稍稍往下压

图 5.3.17 将咖啡杯扣住滤盖倒置下压

图 5.3.18 30 秒时间内，缓慢压下滤筒

图 5.3.19 摇晃咖啡液，将咖啡液倒出

(8) 完全压下后，将滤筒从咖啡壶上取走并摇晃咖啡壶，使咖啡液浓度均一（见图 5.3.19）。

(9) 将萃取好的咖啡倒入咖啡杯，一杯醇香浓郁的咖啡就这样简单地冲泡完成了。

 制作特点

使用爱乐压制作咖啡时，通过改变咖啡研磨颗粒的大小和按压速度，咖啡制作者可以按自己的喜好烹煮不同的风味。除了快速、方便、效果好外，爱乐压清洗保养方式

也简单到让人吃惊——使用后的清洗时间只需要短短几秒钟。爱乐压还具有体积短小轻便、不易损坏的优点，非常适合作为外出使用的咖啡冲煮器具。

考核指南

(一) 基础知识部分

1. 爱乐压制作咖啡的原理

2. 爱乐压制作咖啡时所使用的器具

3. 爱乐压制作咖啡的具体流程

(二) 操作技能部分

使用爱乐压制作一杯咖啡，要求动作规范、熟练，富有技巧性。

习题

1. 爱乐压，是由美国 Aerobie 公司于(　　)年正式发布上市的。

A. 2000　　B. 2001　　C. 2002　　D. 2005

2. 爱乐压的发明者是(　　)大学的机械工程讲师 Alan Adler。

A. 华盛顿　　B. 斯坦福

C. 哥伦比亚　　D. 普林斯顿

3. 爱乐压萃取咖啡的制作原理融入了以下几项，除(　　)外。

A. 法式滤压壶的浸泡式滤纸过滤法

B. 手冲咖啡快速加压萃取法

C. 意式咖啡快速加压萃取法

D. 虹吸式咖啡搅拌均匀原理

4. 世界上首次 WAC(世界爱乐压锦标赛)于(　　)年举办。

A. 2006　　B. 2007　　C. 2008　　D. 2009

5. 使用爱乐压制作咖啡，咖啡粉的研磨刻度为(　　)。

A. 5　　B. 5.5　　C. 6　　D. 7

6. 使用爱乐压制作咖啡时，注入热水的温度为(　　)℃。

A. 80　　B. 85　　C. 90　　D. 92

7. 使用爱乐压制作咖啡时第一次注入的水量和咖啡粉量的比例为(　　)。

A. 1∶1　　B. 2∶1　　C. 10∶1　　D. 15∶1

8. 使用爱乐压制作咖啡时，第二次注入的水量与咖啡粉量的比例为(　　)。

A. 10∶1　　B. 12∶1　　C. 13∶1　　D. 15∶1

9. 爱乐压器具的外形形似(　　)。

A. 漏斗　　B. 葫芦　　C. 针筒　　D. 天平

10. 爱乐压的英文名为(　　)。

A. Airpress　　B. Aorepress　　C. Areopress　　D. Aeropress

第四专题　聪明杯

学习目标

1. 掌握聪明杯制作咖啡的原理。
2. 熟练掌握采用聪明杯制作咖啡。
3. 具备咖啡师咖啡制作操作技能及服务素养能力。

视　频

发明历史

聪明杯(见图5.4.1)由台湾人发明,英文名叫 Clever Coffee Dripper。它是一个将手冲和法压相结合的工具,也是一款神奇的咖啡制作器具。

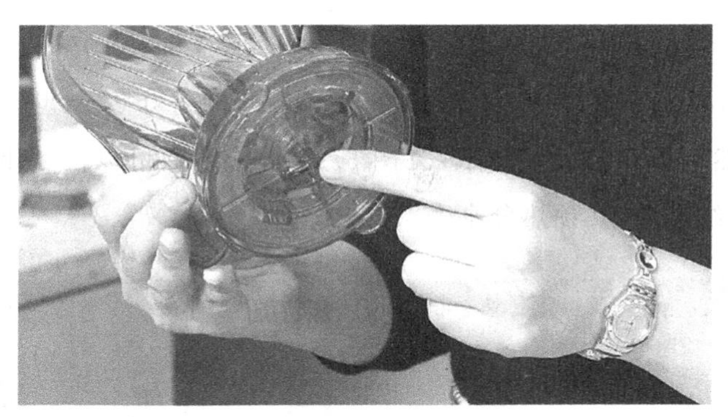

图5.4.1　聪明杯

聪明杯的发明,对于咖啡爱好者来说是非常有意义的。因为它只要提供一些相对具体的参数就可以使消费者做出品质相当稳定的纯正的手工咖啡,当然,对于咖啡豆销售者来说,也是一件天大的好事儿。

制作原理

聪明杯制作咖啡的诀窍全在底部的活塞以及杯底的构造。简单地说,底部的圆形构造是一个可活动的部分,平时处于下潜的状态,下面有四只脚,让它悬空着,活塞便牢牢地挡住水流;如果把它放在杯子或者分享壶上,可活动的部分就会抵上去,水流就可以流下来了。

 准备工作

制作器具设备及原料：聪明杯、咖啡杯、手冲壶、电子秤、计时器、15 克咖啡豆和 225 毫升水。

 制作过程

（1）首先,准备好冲泡聪明杯咖啡的全部用具(见图 5.4.2)。

图 5.4.2　准备好冲泡咖啡的全部用具

图 5.4.3　称取 15 克新鲜咖啡豆进行研磨

（2）其次,量取 15 克新鲜咖啡豆(见图 5.4.3),并准备好 88—90℃的热水。将滤纸放入聪明杯中,然后将热水过湿滤纸(见图 5.4.4),一方面可以使滤纸贴合杯壁,另一方面也可以使滤纸过味,并预热分享壶。

图 5.4.4　用热水过滤滤纸,并温热分享壶

图 5.4.5　将咖啡粉倒入聪明杯中

（3）放掉热水后,将滤杯放置于电子秤上,将咖啡粉放入滤杯中(见图 5.4.5),再次将电子秤归零,这是为了方便称取预闷蒸的水量。

（4）仍然按照粉水 1∶15 的比例往滤杯中注入 225 克热水(见图 5.4.6),在注水的过程中,注意需要将咖啡粉全部润湿(见图 5.4.7),不可有干粉;也不可将水冲到聪明杯外,导致咖啡粉壁的破坏,造成水流空洞。

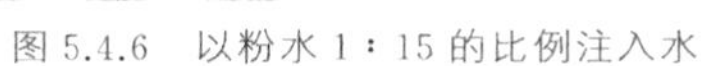
图 5.4.6　以粉水 1∶15 的比例注入水

图 5.4.7　将咖啡粉全部润湿

(5) 热水注入结束后，盖上聪明杯的上盖，闷蒸 3 分钟(见图 5.4.8)。

(6) 3 分钟后，取下上盖，并用搅拌棒进行轻微搅拌，搅拌结束后将滤杯底部放置于分享壶的上端壶口处，咖啡液瞬即注入分享壶中(见图 5.4.9—图 5.4.11)。

图 5.4.8　盖上盖子，闷蒸 3 分钟

图 5.4.9　搅拌后，将聪明杯置于分享壶上

图 5.4.10　咖啡液由滤孔进入到分享壶

图 5.4.11　将咖啡倒入咖啡杯中

(7) 聪明杯的整个冲泡过程需要 3.5 分钟。

(8) 最后需要注意的是，切记不要将聪明杯的杯底泡沫放出。

制作特点

使用聪明杯制作咖啡，简单方便，易于操作，不需要太多的操作技艺，只要按照一定的咖啡研磨度、水量，掌握好时间，就可以制作出一定品质的咖啡，因此深受咖啡爱好者们的青睐。

考核指南

(一) 基础知识部分

1. 聪明杯制作咖啡的原理

2. 聪明杯制作咖啡时所使用的器具

3. 聪明杯制作咖啡的具体流程

(二) 操作技能部分

使用聪明杯制作一杯咖啡，要求动作规范、熟练，富有技巧性。

习题

1. 聪明杯由(　　)发明

A. 意大利人　　B. 法国人　　C. 日本人　　D. 中国台湾人

2. 聪明杯制作咖啡的原理在于将(　　)结合。

A. 手冲和法压　　B. 手冲和过滤

C. 手冲和意式加压　　D. 手冲和浸泡

3. 往聪明杯中加水时，水温为(　　)℃。

A. 88—92　　B. 85—90　　C. 88—90　　D. 90—92

4. 热水注入结束后，盖上聪明杯的上盖，闷蒸(　　)分钟。

A. 2　　B. 3　　C. 4　　D. 5

5. 聪明杯的整个冲泡过程需要(　　)分钟。

A. 3　　B. 3.5　　C. 4　　D. 4.5

第五专题　冰滴咖啡

学习目标

1. 掌握冰滴咖啡制作的原理。
2. 熟练掌握冰滴咖啡制作技能。
3. 具备咖啡师咖啡制作操作技能及服务素养能力。

视　频

发明历史

炎炎的夏日，让一杯冰滴咖啡开启一段浪漫清新之旅吧。

如果你以为冰滴咖啡就是将热咖啡冰一下，或者是放入冰块就制作完成了，那么，你就得好好学习、了解一下“冰滴咖啡”的历史啦。

冰滴咖啡(见图5.5.1)是一种很有情怀的萃取方式，而它的发明却是非常地实用。相传，冰滴咖啡是爪哇岛上的荷兰移民发明的，所以它也有个别名，叫做荷兰咖啡(Dutch Coffee)。

图 5.5.1　冰滴咖啡

当初，荷兰移民不喜欢热咖啡冲煮过后留存的酸涩味，于是便采用冷水萃取，甚至是冰水萃取的方式，来避免热水冲煮导致咖啡中涩味化学物质的分解。而冰滴咖啡以冰水滴滤，萃取出来的咖啡口感滑顺而不涩，还能让冲泡好的咖啡保存得更长久。

制作原理

冰滴咖啡制作的原理：借由咖啡与水相融的特性，冷凝自然渗透水压，使咖啡粉完全浸透湿润，滴落下来，从而萃取出咖啡，所以，又称为"Water Drip Coffee"（水滴咖啡）。

准备工作

制作器具设备及原料：冰滴壶（见图 5.5.2）、滤纸（见图 5.5.3）、咖啡杯、计时器、电子秤、15 克咖啡豆和 150 克冰块（见图 5.5.4）。

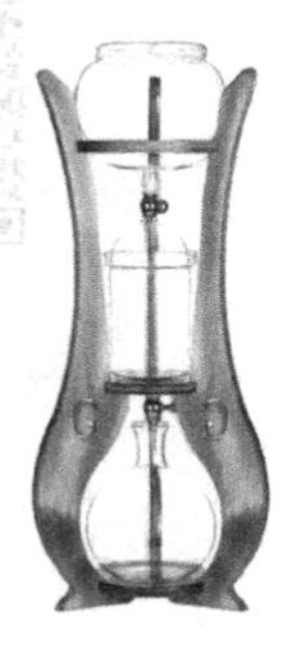

图 5.5.2　冰滴壶

图 5.5.3　滤纸

图 5.5.4　冰块

制作过程

（1）首先，称取 15 克新鲜咖啡豆进行研磨，研磨刻度为"6"，即中度研磨，然后将研磨好的咖啡粉放入中壶中（见图 5.5.5—图 5.5.7）。

图 5.5.5　称取 15 克新鲜咖啡豆进行研磨

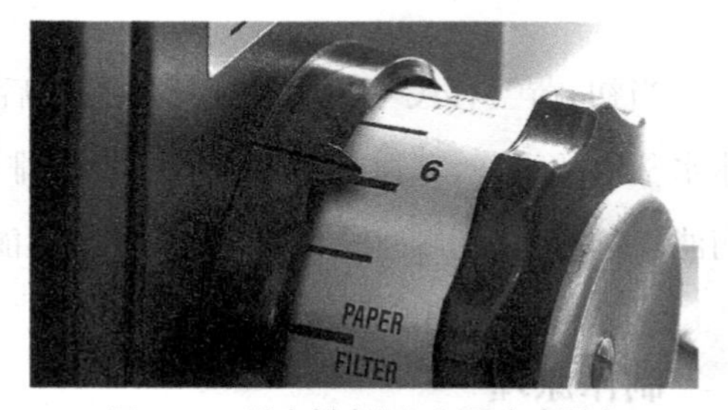

图 5.5.6　研磨刻度为"6"，即中度研磨

图 5.5.7 将研磨好的咖啡粉倒入中壶中

图 5.5.8 将上壶滤阀调节器关闭

(2) 接下来，将滤纸放在咖啡粉上，使得咖啡粉被水滴湿润得更加均匀。

(3) 这时，可以将上壶滤阀调节器关闭(见图 5.5.8)，并将各个部件组装起来。

(4) 把冰水或者冰块(0—4℃)倒入上壶中，以粉水比例 1∶10 的比例倒入(见图 5.5.9)。

(5) 慢慢打开滤阀调节器，让水滴流出，实际速度建议为 5 秒 3 滴，并静置萃取(见图 5.5.10、图 5.5.11)。

图 5.5.9 以粉水 1∶10 的比例倒入冰块

图 5.5.10 慢慢打开滤阀调节器

图 5.5.11 让水滴流出，并静置萃取

图 5.5.12 4 小时后，冰滴咖啡制作完成

(6) 静静等待 4 小时左右，一杯清新爽口的冰滴咖啡就制作完成了(见图 5.5.12)。你可以往咖啡中放入冰块饮用，也可以将冰滴咖啡放入冰箱冷藏一段时间再进行品尝，这样咖啡的口感会更加得浓郁、清爽。

制作特点

采用冰滴咖啡方式萃取出来的咖啡，口感滑顺而不涩、浓郁而清爽，还能让冲泡好的咖啡保存得更长久。

用四小时的精心萃取，看一杯咖啡的缓慢滴落。用四小时的时间，看冰川融化，聆听雨落的声音。这种将咖啡回归到最原始口感，享受慢生活乐趣的冰滴咖啡，带给我们最为浪漫而极致的享受。

冰滴咖啡，在静止的时间中，看那一滴滴的咖啡液滴落下来，仿佛看见了时光的流逝；将时光一点一滴滴落于杯中，再细细品尝时光间隙中每一毫秒的温存。

就这样，将浪漫、情怀、诗意和等待集于一杯冰滴咖啡中，就如同爱情一样，无须着急，总能在一个时间的间隙中，遇见一个让你等待已久的她(他)。

考核指南

(一) 基础知识部分

1. 冰滴咖啡制作的原理

2. 制作冰滴咖啡所使用的器具

3. 制作冰滴咖啡的具体流程

(二) 操作技能部分

完成冰滴咖啡的制作，要求动作规范、熟练，富有技巧性。

习题

1. 冰滴咖啡是由爪哇岛上的(　　)移民发明的。

A. 英国　　B. 法国　　C. 西班牙　　D. 荷兰

2. 冰滴咖啡借由咖啡与水相融的特性，冷凝自然渗透水压，从而萃取咖啡，所有又称为(　　)。

A. Ice Drip Coffee　　B. Water Drip Coffee

C. Drip Coffee　　D. Press Drip Coffee

3. 制作冰滴咖啡的研磨刻度为“6”，即(　　)度研磨。

A. 细　　B. 中　　C. 粗　　D. 中粗

4. 在制作冰滴咖啡时，粉水比例为（　　）。

A. 1∶2　　B. 1∶10　　C. 1∶13　　D. 1∶15

5. 制作冰滴咖啡时，慢慢打开滤阀调节器，让水滴流出，水流速度为（　　）。

A. 5秒1滴　　B. 5秒2滴　　C. 5秒3滴　　D. 5秒4滴

6. 用冰滴方式制作咖啡，若取15克咖啡豆，一般（　　）时间可以完成萃取。

A. 1小时　　B. 2小时　　C. 4小时　　D. 10小时

7. 在制作冰滴咖啡时，把滤纸放在咖啡粉上端的目的在于（　　）。

A. 过滤冰水　　B. 过滤咖啡

C. 咖啡粉均匀湿润　　D. 渗透水滴

8. 下列设备是制作冰滴咖啡时必要的器具，除（　　）之外。

A. 冰滴壶　　B. 滤纸　　C. 咖啡杯　　D. 冰水

9. 冰滴咖啡的口感，下列选项中哪一项除外（　　）。

A. 浓郁　　B. 清爽　　C. 滑顺　　D. 苦涩

10. 冰滴咖啡是（　　）季的首选饮品。

A. 春　　B. 夏　　C. 秋　　D. 冬

第六专题　法压壶

1. 掌握法压壶制作咖啡的原理。
2. 熟练掌握用法压壶制作咖啡。
3. 具备咖啡师咖啡制作操作技能及服务素养能力。

视　频

发明历史

目前，自己动手煮咖啡已经成为越来越多的咖友们的生活方式，那么我们就来介绍一款可以充分享受手动烹煮咖啡乐趣的咖啡制作器具——法压壶(见图 5.6.1)。

法压壶又名法式滤压壶(French Press)或是冲茶器。大约于 1850 年发源于法国，是一种由耐热玻璃瓶身和带压杆的金属滤网组成的简易冲泡器具。最初的时候，多被用来冲泡红茶，因此也被称为“冲茶器”。

图 5.6.1　法压壶

1852 年 3 月，一位马力金工匠人和一位商人共同得到一份名为“活塞过滤咖啡装置”的专利。专利中描述了一种与活动杆相连的金属罐，杆子底部有孔洞，上下各夹有一层法兰绒，手动拉动活动杆后，活动杆就在圆柱形容器中活动。“需将拉杆按到底，过滤后的咖啡就留在了拉杆上方，清清爽爽。”——发明者如是说。

不过直到20世纪后期，一家米兰公司注册了法压壶的修改版本专利后，法压壶才渐渐被人熟知，但法压壶在美国流行起来却是费了一番功夫。20世纪80年代早期，一些美国人学起了英国人，开始使用法压壶，并称之为“法国活塞型咖啡机”。1993年，Florence Fabricant在《纽约时报》上向读者们介绍了这种“法式按压法”，并称：“法压壶是咖啡鉴赏家们最喜欢使用的器具。”

 制作原理

用法压壶烹煮咖啡的原理在于：用浸泡的方式，通过水与咖啡粉全面接触浸泡的焖煮法来释放咖啡的精华，对咖啡研磨度的要求为粗颗粒状。

 准备工作

制作器具设备及原料：法压壶、手冲壶、计时器、电子秤、15克咖啡豆和225毫升水。

制作过程

(1) 首先，将法压壶和咖啡杯用热水预热(见图5.6.2、图5.6.3)。

图5.6.2　将法压壶预热

图5.6.3　将杯子预热

(2) 接下来，拔出法压壶的盖子，倒掉法压壶内的热水(见图5.6.4)。称取15克新鲜咖啡豆进行研磨(见图5.6.5)，研磨刻度采用“5”刻度(见图5.6.6)，即中粗研磨度，并将咖啡粉倒入法压壶内(见图5.6.7)。咖啡粉过细会导致萃取过度，口感偏苦；并且咖啡渣容易从滤孔中穿过，使得咖啡的口感较为浑浊，所以一套好的法压壶，滤网是至关重要的。

图 5.6.4 拔出盖子，倒掉热水

图 5.6.5 称取 15 克新鲜咖啡豆进行研磨

图 5.6.6 研磨刻度为“5”

图 5.6.7 将研磨好的咖啡粉倒入法压壶内

(3) 下一步，以粉水 1∶15 的比例，将 225 毫升水温为 85—90℃的热水慢慢冲入法压壶内(浅烘的咖啡豆可以适当调高水温，深烘的则可以适当降低水温，见图 5.6.8)。

图 5.6.8 以粉水 1∶15 的比例，倒入 85—90℃的水

图 5.6.9 先倒入 30 毫升的水

先冲入 30 毫升的水(见图 5.6.9)，这时如有大量气泡产生，说明这是新鲜咖啡豆研磨出来的咖啡粉。

(4) 30 秒后，将水加满至 225 毫升(见图 5.6.10)。这时，可以将法压壶的盖子盖上，等待 1 分钟之后(见图 5.6.11)，将滤压器轻轻地缓慢下移，并静置几分钟，使得粉末可以下沉(见图 5.6.12)。在按压的过程中需要一压到底，勿反复按压，否则咖啡渣容易通过滤网，影响口感。

图 5.6.10　30 秒后，将水加到 225 毫升

图 5.6.11　将盖子盖上，静置 1 分钟

图 5.6.12　1 分钟后，将滤压器缓慢下移，并静置几分钟，使粉末下沉

图 5.6.13　几分钟后，将咖啡倒出

（5）接下来，将咖啡倒入温过的咖啡杯中（见图 5.6.13），你就可以品尝到一杯美味的咖啡啦。你可以根据自己的喜好，往咖啡液中倒入纯奶或是放入糖，一杯现磨咖啡就这样制作完成了。

制作特点

用法压壶萃取的咖啡口感较为浓郁，因为它的萃取原理是最直接的咖啡萃取原理：浸泡＋过滤法。这样的方法，可以使咖啡能够萃取出的油脂与芳香物质顺利通过滤网，并且，如果搭配深度烘焙的咖啡豆，就可以使咖啡的滑口、甘甜、浓郁等口感表现得淋漓尽致。

法压壶最大的特点就是操作方便、一壶多用、易于携带、非常方便使用，对于刚入门的咖友们，也是一款必备神器，所以亲爱的小伙伴们，不妨用法压壶亲手制作一杯口感浓郁的咖啡吧。

考核指南

（一）基础知识部分

1. 法压壶制作咖啡的原理

2. 法压壶制作咖啡所使用的器具

3. 法压壶制作咖啡的具体流程

(二) 操作技能部分

使用法压壶制作一杯咖啡，要求动作规范、熟练，富有技巧性。

习题

1. 法压壶的别称，下列选项中不属于的是(　　)。

A. 法式滤压壶　B. French Press　C. 冲茶器　D. 法压器

2. 法压壶的发明时间为(　　)。

A. 19 世纪 50 年代　B. 19 世纪 60 年代　C. 19 世纪 70 年代　D. 19 世纪 80 年代

3. 法压壶开始在咖啡界流行始于(　　)。

A. 20 世纪初　B. 20 世纪中叶　C. 20 世纪后期　D. 19 世纪后期

4. 法压壶对于咖啡研磨度的要求为(　　)颗粒状。

A. 细　B. 中　C. 粗　D. 中粗

5. 用法压壶制作咖啡时，咖啡研磨度取(　　)。

A. 4　B. 5　C. 6　D. 7

6. 用法压壶制作咖啡的粉水比例为(　　)。

A. 1∶2　B. 1∶5　C. 1∶10　D. 1∶15

7. 用法压壶制作咖啡，第一次倒入壶内的水量为(　　)毫升。

A. 30　B. 45　C. 75　D. 225

8. 如果在制作过程中有大量气泡产生，说明(　　)。

A. 水温过高　B. 咖啡粉过细　C. 冲水压力过大　D. 咖啡豆新鲜

9. 在将滤网下压的过程中，应(　　)。

A. 快速下压，否则咖啡无法按时完成萃取

B. 用力下压，才能使咖啡粉完全萃取

C. 反复按压，才能使咖啡粉尽量多地进行萃取

D. 轻轻缓慢下移，并一压到底，防止咖啡渣通过滤网

10. 用法压壶制作的咖啡，咖啡因浓度(　　)。

A. 无　B. 低　C. 中　D. 高

第七专题　美式滤泡壶

学习目标

1. 掌握美式滤泡壶的制作原理。
2. 熟练掌握美式滤泡壶的制作技能。
3. 具备咖啡师咖啡制作操作技能及服务素养能力。

视　频

发明历史

美式滤泡壶是一款使用方便的咖啡制作器具(见图 5.7.1)。

美式滤泡壶(Chemex)是由德国化学家 Peter J. Schlumbohm 发明的咖啡萃取工具。最初的模型是玻璃壶身,腰部极细,外有木制套环方便手持,再用精巧皮绳打结固定作装饰,和现在的美式滤泡壶非常相似。

美式滤泡壶虽然外形看似简单,但却能萃取出口感相当稳定的咖啡。

图 5.7.1　美式滤泡壶

制作原理

美式滤泡壶的制作原理:采用滤泡的方式来萃取咖啡,由于其专用滤纸中添加了谷物成分,所以比普通滤纸要稍厚重些,也正是因为这个原因,无论注水量的多少、水速的快慢,它都能保持较为稳定的萃取速度和萃取时间,得到的咖啡在口感上也较为均衡,不会产生较大的偏差。

准备工作

制作器具设备及原料：美式滤泡壶、手冲壶、滤纸、计时器、电子秤、15 克咖啡豆和 225 毫升水。

制作过程

(1) 首先，称取 15 克新鲜咖啡豆进行研磨（见图 5.7.2），采用“中粗”研磨度，研磨刻度为“6”（见图 5.7.3）。

图 5.7.2　称取 15 克新鲜咖啡豆进行研磨

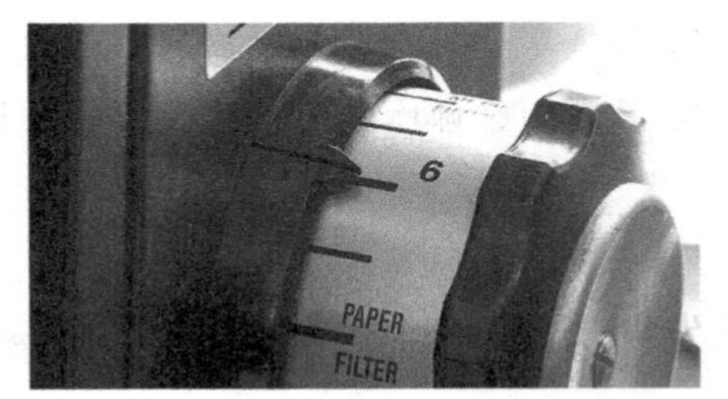

图 5.7.3　研磨刻度为“6”，即中度研磨

(2) 接下来，采用 Chemex 的专用滤纸（见图 5.7.4），将滤纸放入上端的圆锥体中（见图 5.7.5），然后用热开水浸湿滤纸（见图 5.7.6），并从卡口处倒掉过湿用的水（见图 5.7.7），再倒入咖啡粉（见图 5.7.8）。

图 5.7.4　采用 Chemex 专用滤纸并折叠

图 5.7.5　将折叠好的滤纸放入卡口中

图 5.7.6　用热水过湿滤纸

图 5.7.7　从卡口处倒掉过湿用的水

图 5.7.8　倒入咖啡粉

图 5.7.9　缓慢匀速注入 30 毫升热水

(3) 接下来是闷蒸环节，缓慢匀速注入约 30 毫升的热水(见图 5.7.9)，浸湿咖啡粉，水温为 92℃。闷蒸大约 20 秒后，开始注入剩下的 195 毫升热水(见图 5.7.10)，冲水的姿势和手法与手冲咖啡的方法一致。

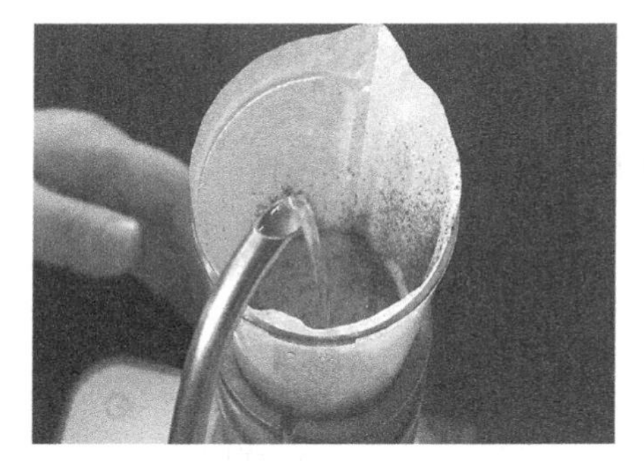
图 5.7.10　20 秒后注入剩下的 195 毫升热水

图 5.7.11　取走滤纸

(4) 再接下来，将滤纸取走(见图 5.7.11)，并摇晃几下咖啡壶(见图 5.7.12、图 5.7.13)，一杯美味的咖啡就做好了。

图 5.7.12　摇晃滤泡壶使咖啡液均匀

图 5.7.13　将咖啡液倒入咖啡杯中

制作特点

采用美式滤泡壶来制作咖啡，制作过程简单，不需要太多技术考量，却能萃取出品质相当稳定的咖啡，咖啡口感纯净、醇厚，是一款便捷的居家、旅行咖啡制作器具。

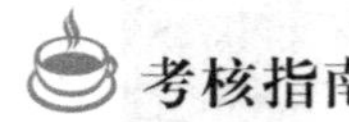

考核指南

(一) 基础知识部分

1. 美式滤泡壶制作咖啡的原理

2. 采用美式滤泡壶制作咖啡时所使用的器具

3. 采用美式滤泡壶制作咖啡的具体流程

(二) 操作技能部分

采用美式滤泡壶制作一杯咖啡，要求动作规范、熟练，富有技巧性。

习题

1. 美式滤泡壶由(　　)化学家发明。

   A. 英国　　B. 法国　　C. 意大利　　D. 德国

2. 美式滤泡壶最初的模型是(　　)壶身。

   A. 金属　　B. 木制　　C. 玻璃　　D. 陶质

3. 美式滤泡壶的滤纸较为特殊，因为(　　)。

   A. 添加了谷物成分，萃取咖啡技术较为稳定。

   B. 较厚实，可萃取出较为香醇的咖啡。

   C. 滤纸呈圆锥形，紧贴滤泡壶的瓶颈。

   D. 双层，更加贴实玻璃壁，使得萃取更加稳定。

4. 用美式滤泡壶制作咖啡时，闷蒸时间控制在(　　)秒。

   A. 30　　B. 45　　C. 60　　D. 90

5. 第一次注水时，水粉比例控制在(　　)。

   A. 2∶1　　B. 3∶1　　C. 5∶1　　D. 10∶1

第八专题　皇家比利时咖啡壶

学习目标

1. 掌握皇家比利时咖啡壶的制作原理。
2. 熟练掌握用皇家比利时咖啡壶制作咖啡。
3. 具备咖啡师咖啡制作操作技能及服务素养能力。

发明历史

在之前的课程中，我们介绍了关于虹吸壶的使用方法。虹吸壶如同化学实验仪器般的精密感，成为了制作精品咖啡的利器。但在风起云涌的19世纪，在虹吸壶的基础上又衍生出另外一种更加奢华、内敛的咖啡制作器具——皇家比利时咖啡壶（见图5.8.1），又名平衡式塞风壶或者维也纳皇家咖啡壶。

19世纪中期，欧洲各国皇家就开始御用此款咖啡壶，见到过比利时壶的咖友们都会感叹其造型的优雅精致、别具匠心。

图5.8.1　皇家比利时咖啡壶

皇家比利时壶的发明者为一位苏格兰造船技术专家James Napier。最初的时候，皇家比利时壶还只是并排的两个玻璃瓶子，但在19世纪50年代的欧洲社会，名流们非常讲究咖啡的饮用之道。不单单要求拥有良好的烹调技术，同时也为了彰显皇家气派，特地找工匠精心打造，用黄铜局部替代玻璃，细节设计得更加精妙绝伦，使得原本普通的外表变得光彩照人，体面非凡。从现代的眼光来看，皇家比利时咖啡壶仍旧带着一股复古的奢华贵族气息。姑且不论比利时咖啡壶的咖啡制作技艺，单是这咖啡壶自身便是一件精致的艺术品。

 制作原理

虽然皇家比利时壶也是利用虹吸式的原理，但与虹吸壶最大的不同在于其操作更为简单。几乎是全自动式完成一杯咖啡的制作。从外表看，它的样子像极了对称的天平，一边是不透明的水壶和酒精灯，另一边是盛装咖啡粉用的玻璃壶，两端靠着一根宛如拐杖的细管连接。

当水壶装满水，天平失去平衡向右方倾斜；等到水沸腾了，蒸汽冲开细管里的活塞，顺着管子冲向玻璃壶，与等待在彼端的咖啡粉相遇，温度刚好是咖啡粉最喜爱的 95℃。待到水壶里的水全部化成水汽跑到左边，充分与咖啡粉混合后，由于虹吸原理，热咖啡又会通过细管底部的过滤器，回到右侧水壶，而把残渣留在了玻璃壶底。

这时候，打开连着水壶的水龙头，一杯香醇的咖啡就这样完美地呈现出来。

 准备工作

(一) 组装比利时咖啡壶

(1) 按卡扣的位置，将比利时咖啡壶的热水胆组装并固定(见图 5.8.2)。

(2) 将煮粉器安装在相应位置，热水管道的过滤头放置于煮粉器的中央，并将另一头的橡皮圈密封固定(见图 5.8.3、图 5.8.4)。

图 5.8.2　安装热水胆

图 5.8.3　安装煮粉器、橡皮圈

图 5.8.4　将过滤头置于煮粉器中央

图 5.8.5　将酒精灯置于热水胆下方

（3）将酒精灯置于热水胆下方（见图 5.8.5）。

(二) 制作器具设备及原料

皇家比利时咖啡壶、磨豆机、电子秤、500 克水、50 克咖啡粉。

制作过程

（1）将 500 克热水注入热水胆内（见图 5.8.6），注毕将注水孔拧紧（见图 5.8.7）。

图 5.8.6　往热水胆内注入 500 克热水

图 5.8.7　将注水孔拧紧

（2）压下平衡杆，打开酒精灯盖，点燃酒精灯（见图 5.8.8）。

图 5.8.8　打开酒精灯盖，点燃酒精灯

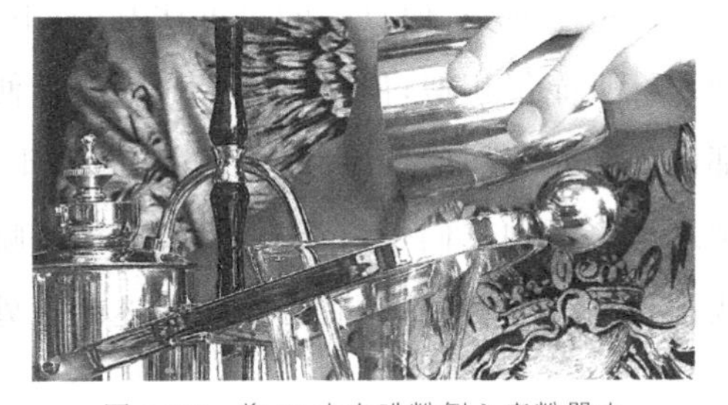
图 5.8.9　将 50 克咖啡粉倒入煮粉器内

（3）按照粉水 1∶10 的比例，将 50 克咖啡粉倒入煮粉器中（见图 5.8.9），并将煮粉器的盖子盖上。

（4）热水胆中的水被煮沸后，热水从热水胆中经虹吸管被推至煮粉玻璃杯内，并与咖啡粉充分溶解（见图 5.8.10、图 5.8.11）。

图 5.8.10　热水胆内热水加热

图 5.8.11　热水经虹吸管推至煮粉器内

(5) 此时，由于热水胆中水量减少，因天平原理导致容器往上抬，使酒精灯的盖子自动关闭，热水胆内温度相应下降，煮粉器中的咖啡溶液因虹吸原理自动流回热水胆内。

(6) 当热水胆内的咖啡液完全流回，煮粉器中只剩下咖啡粉残渣时，将热水器的注水口稍稍拧开(见图 5.8.12)，让空气进入，并打开热水胆下方的出水开关(见图 5.8.13)，这样，一杯香醇的皇家比利时咖啡就这样制作完成了。

图 5.8.12　将注水口稍稍拧开

图 5.8.13　打开热水胆下方出水开关

制作特点

大道至简，看似复杂的皇家比利时咖啡壶，操作起来是如此的简单。虽然它的原理和虹吸壶很相似，但又比虹吸壶来得方便简捷，并且具有制作上的稳定性，每个细节都体现了匠人们的奇思妙想。这款皇家比利时咖啡壶最适合聚会与礼尚往来使用，而越来越多的咖友们也沉醉于皇家比利时咖啡壶优雅的光泽与摇曳闪烁的火苗之中。或许，这就是皇家比利时咖啡壶最迷人之处吧。

考核指南

(一) 基础知识部分

1. 皇家比利时咖啡壶制作咖啡的原理

2. 皇家比利时咖啡壶制作咖啡的准备工作

3. 皇家比利时咖啡壶制作咖啡流程

(二) 操作技能部分

1. 正确组装皇家比利时咖啡壶

2. 使用皇家比利时咖啡壶制作一杯咖啡,要求动作规范、熟练,富有技巧性

习题

1. 平衡式塞风壶,即(　　)。

A. 越南滴滤壶　B. 冰滴壶　C. 摩卡壶　D. 皇家比利时咖啡壶

2. 皇家比利时咖啡壶于(　　)开始在欧洲使用。

A. 18 世纪末期　B. 19 世纪初期　C. 19 世纪中期　D. 19 世纪末期

3. 皇家比利时咖啡壶的发明者为(　　)造船家。

A. 英国　B. 西班牙　C. 法国　D. 苏格兰

4. 皇家比利时咖啡壶于(　　)在欧洲皇室名流中风靡起来。

A. 1840 年　B. 1850 年　C. 1860 年　D. 1880 年

5. 皇家比利时咖啡壶制作咖啡时,最佳水温为(　　)。

A. 88　B. 90　C. 92　D. 95

6. 组装皇家比利时咖啡壶时,连接两头的滤管的滤布位置应置于(　　)。

A. 煮粉器的正中央　B. 煮粉器的上端

C. 煮粉器的底部　D. 煮粉器器壁处

7. 用比利时壶制作咖啡时,粉水比例为(　　)。

A. 1∶5　B. 1∶10　C. 1∶15　D. 1∶20

8. 皇家比利时咖啡壶适合用于(　　)。

A. 商务和洽谈　B. 聚会和礼尚　C. 派对和狂欢　D. 宴会及宴请

9. 皇家比利时咖啡壶的外形构造像极了(　　)。

A. 针筒　B. 漏斗　C. 葫芦　D. 天平

10. 皇家比利时咖啡壶的咖啡制作过程是(　　)。

A. 手动操作　B. 半自动操作　C. 全自动操作　D. 机械操作

第九专题　爱尔兰咖啡

学习目标

视　频

1. 掌握爱尔兰咖啡的制作原理。
2. 熟练掌握爱尔兰咖啡的制作技能。
3. 具备咖啡师咖啡制作操作技能及服务素养能力。

发明历史

在本专题中，我们将介绍一款浪漫纯情的咖啡给大家，我们叫它——爱尔兰咖啡（见图5.9.1）。爱尔兰咖啡(Irish coffee)是一款鸡尾酒，是以爱尔兰威士忌为基酒，以咖啡为辅料调制而成的一款鸡尾酒，也是一款花式咖啡。

图5.9.1　爱尔兰咖啡

相传，一位都柏林机场的酒保为了心仪的女孩，将威士忌融入热咖啡，首次调制成爱尔兰咖啡这款鸡尾酒。而说起这款咖啡的起源，我们一般都会把1940年的Joseph Sheridan首次调制成功作为爱尔兰咖啡的历史起源。

制作原理

爱尔兰咖啡的制作原理：将爱尔兰威士忌作为基酒，与热咖啡完美结合，再在上面辅以鲜奶油，从而制作完成的一款花式咖啡，也可以说是一款鸡尾酒。既有威士忌酒的酒香浓烈，又有咖啡的香醇，制作过程中“摇杯”时火候的把握至关重要，是一款需要用心和耐心才能完成的咖啡。

准备工作

(一) 制作器具设备及原料

爱尔兰咖啡杯（见图 5.9.2）、酒精灯（见图 5.9.3）或煤气灯、盎司杯（见图 5.9.4）、热咖啡（见图 5.9.5）、方糖（见图 5.9.6）、鲜奶油（见图 5.9.7）和爱尔兰威士忌（见图 5.9.8）。

图 5.9.2　爱尔兰咖啡杯

图 5.9.3　酒精灯

图 5.9.4　盎司杯

图 5.9.5　热咖啡

图 5.9.6　方糖

图 5.9.7　鲜奶油

图 5.9.8　爱尔兰威士忌

(二) 爱尔兰咖啡杯

爱尔兰咖啡杯是一种方便于烤杯的耐热杯。烤杯可以去除烈酒中的酒精，让酒香和咖啡能够更加直接地调和。杯子玻璃壁上有三条线，底部的爱尔兰威士忌是一线，一线和二线之间是咖啡，超过第三条线是鲜奶油。

制作过程

(1) 准备好一杯热咖啡(见图 5.9.9)，并将方糖或砂糖放入爱尔兰咖啡杯中，将威士忌倒至爱尔兰咖啡杯的第一条线上(见图 5.9.10)。

图 5.9.9　准备一杯热咖啡

图 5.9.10　将砂糖和威士忌倒入爱尔兰咖啡杯中

(2) 用小火慢慢地将酒加温，将糖融化，小心翼翼地不断转动杯身，使其均匀受热(见图 5.9.11)。

(3) 用火把酒点燃，使酒香散发出来(见图 5.9.12)。

(4) 待糖融化以后，把咖啡注入杯中，至第二条线(见图 5.9.13)。

(5) 挤一层奶油在咖啡表面(见图 5.9.14)，另外也可再加少许巧克力做装饰，一杯爱尔兰咖啡便制作完成了。

图 5.9.11　小火加温酒液，转动杯身使其融化

图 5.9.12　用火将酒点燃，散发酒香

图 5.9.13　待糖融化，将咖啡注至第二条线

图 5.9.14　在咖啡表面挤上一层鲜奶油

制作特点

爱尔兰咖啡酒香浓烈，喝爱尔兰咖啡第一口是关键。爱尔兰咖啡上来时，不要忙着加入调料或搅拌开来，先喝上一口。好的爱尔兰咖啡微苦，口感醇厚，由奶香到爱尔兰咖啡香，层次分明。

爱尔兰咖啡非常适合在冬天饮用，可以帮助你驱除一身的寒意。爱尔兰咖啡的寓意为：Want you drop some tears（你想要加点眼泪吗）？所以，爱尔兰咖啡又称为“天使的眼泪”。

在制作爱尔兰咖啡时，我们一般会使用“烤杯”和“摇杯”的技巧。

(一) 烤杯

(1) 将一勺糖适量地倒入爱尔兰咖啡杯中，大约半盎司或 1 盎司，或者 15—30 毫升。

(2) 点燃火（使用酒精灯或煤气灯）。

（3）左手的食指及拇指握在杯底，按住杯底。然后用火烧杯子的底部，在右下角转动杯子，使杯子受热均匀。

（4）看杯口慢慢地出现白雾，速度缓慢，随着温度上升，雾气慢慢消失，然后将火移到杯口，看到蓝色的火焰燃烧。

（5）缓缓地晃动玻璃酒杯，让酒精挥发，直到火焰消失。

（6）用烤杯方法制作的爱尔兰咖啡就这样完成了。

(二) 摇杯

（1）方法一：置于桌上摇，省力，容易摇动，非常适合新手使用。

（2）方法二：握住杯脚，有细长手指的人使用这种方法摇动起来会非常优雅，使用手腕达到均匀摇晃的目的。

（3）方法三：持有杯炉底辊，用手指使一杯酒来回晃动，均匀旋转杯子。

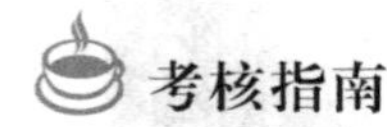

考核指南

(一) 基础知识部分

1. 爱尔兰咖啡制作的原理

2. 制作爱尔兰咖啡所使用的器具

3. 制作爱尔兰咖啡的具体流程

(二) 操作技能部分

制作一杯爱尔兰咖啡，要求动作规范、熟练，富有技巧性。

习题

1. 爱尔兰咖啡首次调制成功的时间节点是（　　）。

A. 1860　　B. 1880　　C. 1940　　D. 1950

2. 制作爱尔兰咖啡需要用到下列哪款杯子（　　）。

A. 摩卡杯　　B. 拿铁杯　　C. 盎司杯　　D. 鸡尾酒杯

3. 爱尔兰咖啡，顾名思义就是用爱尔兰威士忌作（　　）。

A. 调料　　B. 装饰　　C. 配饮　　D. 基酒

4. 爱尔兰咖啡杯的杯壁上有(　　)条线。

A. 一　　B. 二　　C. 三　　D. 四

5. 爱尔兰咖啡杯的第一条线内盛装(　　)。

A. 咖啡　　B. 糖　　C. 爱尔兰威士忌　　D. 奶油

6. 爱尔兰咖啡杯的第一条线与第二条线之间盛装(　　)。

A. 咖啡　　B. 糖　　C. 爱尔兰威士忌　　D. 奶油

7. 爱尔兰咖啡杯的第三条线以上盛装(　　)。

A. 咖啡　　B. 糖　　C. 爱尔兰威士忌　　D. 奶油

8. 用烤杯方法来制作爱尔兰咖啡时,用(　　)转动杯底。

A. 左手的拇指、食指、中指　　B. 右手的拇指、食指、中指

C. 左手的拇指、食指　　D. 右手的拇指、食指

9. 摇杯方式适合(　　)使用。

A. 新手　　B. 专业人士　　C. 表演者　　D. 展示者

10. 爱尔兰咖啡非常适合在(　　)饮用。

A. 春季　　B. 夏季　　C. 秋季　　D. 冬季

第十专题　越南滴滤壶

学习目标

1. 掌握越南滴滤壶制作咖啡的原理。
2. 熟练掌握越南滴滤壶的制作技能。
3. 具备咖啡师咖啡制作操作技能及服务素养能力。

发明历史

越南滴滤壶，是法式滴滤壶的一种，流传至越南后深受欢迎，经过当地人的学习和改良发展成为越南滴滤壶，是萃取越南咖啡的首选器材，体积小巧，便于携带，一般由不锈钢制成，也有其他的材质（见图 5.10.1）。

图 5.10.1　越南滴滤壶制作咖啡

越南曾是法国的殖民地，而咖啡则于 1860 年左右，由法国耶稣会的传教士带到越南。在将近 160 年的历史中，越南逐渐发展出自己独特的咖啡文化。目前，越南的咖啡出口量位居全世界第二位，但多数以 Robusta 咖啡豆为主，而越南人选择的咖啡冲泡方法也十分地特别，即越南滴滤壶制作方式。

制作原理

越南滴滤壶的制作原理：越南滴滤壶是以滴漏的方式来萃取纯正的咖啡豆，而越南咖啡豆最大的特点是以特殊的奶油烘焙而成，所以会有浓郁的热带咖啡包裹着浓浓的奶油的香味。采用越南滴滤壶制作越南咖啡，慢慢看着咖啡液滴落到下方古老样式的印花玻璃杯中，一滴一滴地汇集在这里，等待中慢慢地消磨着曼妙时光，应该当属越南人独有的休闲方式吧。

准备工作

制作器具设备及原料：越南滴滤壶（见图 5.10.2）、滤纸、咖啡杯、计时器、电子秤、15 克咖啡豆和 150 毫升水。

图 5.10.2　越南滴滤壶

制作过程

制作时，在下面的玻璃杯杯口加上滴漏杯，在滴漏杯内放入咖啡粉，压上一片有洞孔的金属片，再用热水冲泡，让咖啡滴滴答答地滴到杯子中。

（1）旋开压板，将越南壶清洗干净。

（2）取一咖啡杯，将咖啡杯置于越南滴滤壶的下方（见图 5.10.3），放入越南滴滤壶的专用滤纸，并将滤纸过湿（见图 5.10.4）。

图 5.10.3　将咖啡杯置于滴滤壶下方

图 5.10.4　将滤纸放入滴滤壶中，并过湿

（3）加入 15 克中度研磨的咖啡粉（见图 5.10.5）。

（4）轻轻地将咖啡粉晃平，旋紧压板（见图 5.10.6）。

图 5.10.5　加入 15 克中度研磨咖啡粉

图 5.10.6　轻轻将咖啡粉晃平，压紧旋板

（5）先加入 30 克左右的热水，水温控制在 92℃，闷蒸 30 秒(见图 5.10.7、图 5.10.8)。

图 5.10.7　先加入 30 克热水

图 图 5.10.8　闷蒸 30 秒

（6）30 秒后，再继续往壶中加入 195 克的热水，盖上壶盖，静候几分钟，直至咖啡萃取完成；一般的等候时间大概在 10 分钟左右(见图 5.10.9—图 5.10.11)。

图 5.10.9　30 秒后再继续加入 195 克热水

图 5.10.10　盖上壶盖，静候几分钟

图 5.10.11　静置十分钟左右

图 5.10.12　萃取完毕，将滴滤壶移除

（7）萃取完毕后，将越南滴滤壶移除(见图 5.10.12)，就这样一杯香醇的越南滴滤咖啡制作完成了。

制作特点

越南滴滤壶和普通的滴滤器最大的区别在于，越南滴滤壶的底部是平的，并且在咖啡粉的上面放入一块金属压板，通过壶内的一根金属柱旋转紧压在咖啡粉上。这种壶最大的缺点就在于滤板底部孔洞较大，直接滤过的咖啡往往带有较多的渣滓，从而使得咖啡的口感比较浑浊，为了避免这个问题，我们可以在滤板上放入一张摩卡壶的滤纸，这样，就可以制作出一杯醇厚的咖啡了。

用越南滴滤壶制作咖啡，简单易操作，方便清洗、携带。制作完成的咖啡口感浓郁醇香，越南当地人习惯在咖啡中加入炼乳，宜温宜冰，不失为一款独具特色的越南咖啡。

当水慢慢地一滴滴地透过咖啡粉投入到炼乳的怀抱，仿佛能看到时间透过空气在指间流走，一样地无法停留，只需安静等待，心里的所有缝隙便会一滴滴地被填满，心情便会缓缓温暖、轻盈起来。如果时间允许的话，那就永远定格在这一刻吧，闭上眼睛，去享受吧，去享受这美好的咖啡时光吧。

考核指南

(一) 基础知识部分

1. 越南滴滤壶制作咖啡的原理

2. 采用越南滴滤壶制作咖啡所使用的器具

3. 采用越南滴滤壶制作咖啡的具体流程

(二) 操作技能部分

采用越南滴滤壶制作一杯咖啡，要求动作规范、熟练，富有技巧性。

习题

1. 越南咖啡是由(　　)带到越南的。

A. 英国人　　B. 法国人　　C. 意大利人　　D. 荷兰人

2. 目前，越南的咖啡出口量占全世界的第(　　)位。

A. 一　　B. 二　　C. 三　　D. 四

3. 越南滴滤壶和普通的滴滤壶最大的区别在于(　　)。

A. 使用越南咖啡豆　　B. 下端放玻璃杯

C. 萃取时间较长　　D. 金属压板

4. 使用越南滴滤壶制作咖啡时,第一次注入的水量为咖啡粉量的(　　)倍。

A. 1　　B. 2　　C. 3　　D. 10

5. 使用越南滴滤壶制作咖啡时,闷蒸环节时间控制在(　　)秒。

A. 30　　B. 45　　C. 60　　D. 90

6. 越南滴滤壶制作咖啡最大的问题是滤板底部孔洞较大,通常会用(　　)加以解决。

A. 第二次过滤　　B. 降低咖啡研磨刻度

C. 采用粗颗粒　　D. 放入滤纸

7. 越南人喝咖啡时,喜欢在咖啡中放入(　　)。

A. 牛奶　　B. 巧克力　　C. 炼乳　　D. 新鲜奶油

8. 下列是使用越南滴滤壶制作咖啡的优点,除(　　)以外。

A. 简单易操作　　B. 方便清洗　　C. 方便携带　　D. 底部为平的

9. 咖啡在越南出现,大约在(　　)。

A. 19 世纪 50 年代　　B. 19 世纪 60 年代

C. 19 世纪 80 年代　　D. 19 世纪 90 年代

10. 越南的咖啡豆属于(　　)。

A. 精品豆　　B. 普通豆

C. 阿拉比卡咖啡豆　　D. 本土咖啡豆

第六模块　咖啡礼仪与点单技巧

第一专题　咖啡礼仪与点单技巧

学习目标

1. 掌握喝咖啡时的礼仪要点、咖啡品种及特色等知识点。

2. 熟练掌握咖啡点单技巧，运用娴熟的咖啡认知技巧进行咖啡点单，并在期间注意使用咖啡礼仪技巧。

3. 具备咖啡师咖啡制作操作技能及服务素养能力。

视　频

大家好，喝咖啡已经成为我们日常生活和休闲聚会的一种常见方式，那么在喝咖啡的时候，我们需要注意哪些礼仪要点和技巧呢？

咖啡礼仪要点

（一）怎样拿咖啡杯

图 6.1.1　拿咖啡杯

餐后一杯咖啡，是西餐的必要环节，餐后咖啡的主要作用在于促进消化。在餐后饮用的咖啡，我们一般使用袖珍型的杯子盛出。这种杯子的杯耳较小，手指无法穿过，但即使使用杯耳较大的杯子，也不要用手指穿过杯耳再端起杯子。咖啡杯的正确拿法是：用食指和拇指捏住杯把儿再将杯子端起（见图 6.1.1）。

（二）怎样给咖啡加糖

给咖啡加糖时，砂糖可用咖啡匙舀取，直接加入杯内（见图 6.1.2）；也可先用糖夹子把方糖夹在咖啡碟的近身一侧，再用咖啡匙把方糖加在杯子里，如果直接用糖夹子或手把方糖放入杯内，有时可能会使咖啡溅出，从而弄脏衣服或台布。

图 6.1.2　砂糖可用咖啡匙直接舀取到杯内

（三）怎样用咖啡匙

咖啡匙是专门用来搅拌咖啡的，饮用咖啡时应当把它取出来。不要用咖啡匙舀着咖啡一勺一勺慢慢喝，可用咖啡匙把方糖加在杯子里，但不要用咖啡匙来捣碎咖啡杯中的方糖（见图 6.1.3）。

图 6.1.3　用咖啡匙把方糖加在杯子里

（四）咖啡太烫怎么办

刚刚煮好的咖啡太烫了，可以用咖啡匙在杯中轻轻搅拌，使之冷却，或者等待其自然冷却，然后再饮用。试图用嘴去把咖啡吹凉，是很不文雅的动作。

(五) 咖啡杯碟的使用

盛放咖啡的杯碟都是特制的。它们应当放在饮用者的正面或是右侧，杯耳应指向右方。饮咖啡时，可以用右手拿着咖啡的杯耳，左手轻轻托着咖啡碟，慢慢地移向嘴边轻啜(见图 6.1.4)。不宜满把握杯，大口吞咽，也不宜俯首去就咖啡杯。喝咖啡时，不要发出声响。添加咖啡时，不要把咖啡杯从咖啡碟中拿起来。

图 6.1.4　喝咖啡时，可以右手拿着杯耳，左手托着咖啡碟

(六) 喝咖啡与用点心

有时喝咖啡时，我们会吃一些点心。在喝咖啡吃点心时，不要一手端着咖啡杯，一手拿着点心，吃一口喝一口交替进行。喝咖啡时应放下点心，吃点心时放下咖啡杯(见图 6.1.5)。

图 6.1.5　喝咖啡吃点心时，不要一手端咖啡杯一手拿点心

咖啡点单技巧

当然，和朋友一起去咖啡馆，点单技巧也非常重要哦。其实，是否能够优雅而自信地点上一份属于自己风格的咖啡，还是需要看您对咖啡品种、咖啡制作方法的熟悉程

度，那么我们就来介绍几款咖啡馆里较为常见的咖啡产品吧。

我们平常喝到的咖啡，按照制作方法的不同，主要可以分为意式咖啡、法式咖啡和美式咖啡。意式咖啡的特点是口味纯正、浓郁；法式咖啡的特点是花样繁多、造型美观；美式咖啡的特点是简单速成。

(一) 意大利浓缩咖啡(Espresso)

Espresso是意式咖啡最基本款（见图6.1.6），所有的意式咖啡都是以此为基础制作而成的，这种由高压蒸汽迅速喷蒸出来的咖啡一般饮用时不添加任何糖、奶等调味料，因此口感极其浓郁，并且是用很小的杯子进行盛装，所以点单之前一定要确保自己做好了准备。初次接触者会觉得Espresso特别苦，但这种苦还有唇齿留香的感觉。一些资深的咖啡爱好者只喝Espresso，一杯下去，精神百倍。Espresso一般不分大小杯，只有单份（Single）和双份（Double）之分，双份会更浓，量也会稍微多一点。意大利人最喜欢到咖啡馆喝Espresso，大家都等在吧台前，拿到第一手咖啡后，三小口就喝掉了。

图6.1.6　意大利浓缩咖啡

(二) 玛琪雅朵(The Macchiatto Coffee)

玛琪雅朵（见图6.1.7）是在Espresso的基础上加入奶泡（Milk Foam），喝咖啡时，

图6.1.7　玛琪雅朵

奶香会停留在唇边。有时我们会在奶泡的上面添加糖浆，如果要加糖的话，会均匀地撒在奶泡表面，再找一个角度直接喝，这样咖啡入口能保持一定的层次感。由于奶泡和空气充分接触后，会影响它的绵密度，因此玛琪雅朵在做好后应尽快喝完。

(三) 康宝蓝(Espresso Con Panna)

康宝蓝(见图 6.1.8)，其实就是一份意大利浓缩咖啡加一份厚厚的鲜奶油(Whipped Cream)，又被称为维也纳咖啡。康宝蓝咖啡一般采用玻璃杯装，让饮用者可以观赏鲜奶油和咖啡交融的层次感。从一开始的明显分层，到慢慢地丝丝渗透，到最后的深褐色清澈的浓缩咖啡变得浑浊，奶油的甜味也会弥漫在口感略苦的咖啡中，变得比较具有亲和力。所以，康宝蓝是咖啡初尝者的首选。但是，要注意哦，喝康宝蓝咖啡时，不要搅拌奶油直接喝。

图 6.1.8　康宝蓝

(四) 拿铁(Cafe Latte)

拿铁(见图 6.1.9)，是一份的意大利浓缩加上蒸汽过的牛奶(Steamed Milk)再加上少量的奶泡，所以拿铁又叫“牛奶咖啡”。因为牛奶量较为充足，所以拿铁常常被咖啡师用来做拉花，而这种在咖啡液面上作画的艺术，亦被称之为 Latte Art。

图 6.1.9　拿铁

(五) 平白咖啡(Flate White)

Flate White 在中国市场，又称为馥芮白，是一份意大利浓缩咖啡加上蒸汽牛奶(见图 6.1.10)。

图 6.1.10　平白咖啡

(六) 布雷卫(Cafe Breve)

布雷卫在咖啡馆中较为少见，是一份意大利浓缩咖啡加上蒸汽牛奶和新鲜奶油的混合物(Steamed Half-and-Half)，有时也会再加少许的奶泡，所以说，布雷卫就是 Espresso 加一半牛奶，一半奶油的混合物，再浇上奶泡(见图 6.1.11)。

图 6.1.11　布雷卫

(七) 卡布奇诺(Cappuccino)

图 6.1.12　卡布奇诺

卡布奇诺就是奶泡咖啡(见图 6.1.12),是在一份 Espresso 中,倒入热蒸奶,再将奶泡轻拨入咖啡杯中,其奶泡成分较多,所以入口时会有种“天鹅绒”般的顺滑感。喝卡布奇诺的时候,不需要搅拌,只有让自己的嘴唇沾满奶泡才是真正幸福的味道。

(八) 摩卡(Cafe Mocha)

摩卡就是有巧克力、牛奶和奶油的咖啡,一般在杯中倒入巧克力酱,再加入 Espresso,再加入蒸奶,最后在上面挤一块鲜奶油就完成了,这款咖啡很受女生的欢迎(见图 6.1.13)。

图 6.1.13　摩卡

(九) 美式咖啡(Americano)

美式咖啡是在一份的 Espresso 中加入热水,并且盛放于大杯中,在意大利等欧洲国家,它不被认为是咖啡,可能是因为加了水的缘故,从而稀释了 Espresso 的口感(见图 6.1.14)。

图 6.1.14　美式咖啡

(十) 低因咖啡(Decaffeinated Coffee)

咖啡因含量很低的咖啡,叫做低因咖啡,是一些对咖啡因有特殊要求的人士的选择。

当然,在意大利等欧洲国家,咖啡的种类更丰富。接下来的几款咖啡是在国内咖啡馆中较为少见的意式咖啡。

1. Caffe Macchiato Freddo

这是一杯盛在小咖啡杯中的 Espresso,旁边附带一杯放有少许冷的或是温热的牛奶,客人可自行选择加入咖啡中牛奶的量。

2. Maroc'chino

这是一种用玻璃小咖啡杯盛放的 Espresso,在其中倒入牛奶奶泡,并撒上一些可可粉。

3. Latte Macchiato

和 Espresso Macchiato 刚好相反,这个是牛奶中加少许咖啡,通常盛放在一个透明玻璃咖啡杯中,或是高水杯中。

4. Caffe Corretto

这是一种盛放在小咖啡杯中的 Espresso,在其中混入一些你喜欢的烈性酒,比如 Grappa,Sambuca,Cognac,Rum 等,或是加入 Bailey Irish Cream。

5. Caffe Lungo

这种咖啡常用 Espresso 咖啡机制作,水份会多一些,咖啡浓度较 Espresso 要淡一些。

6. Ristretto

这是比 Espresso 浓度更高的一款咖啡,一般盛放于小咖啡杯中。如果在咖啡馆中能看到有 Ristretto 售卖,那就是精华版的 Espresso,那么,这家店应是较为专业的咖啡馆了。

7. Caffe d'orzo

这是用大麦做的 Espresso,和 Espresso 一样,可以是单份,也可以是双份,不过没有 Espresso 浓厚。

8. Caffe Freddo

这个是指冰镇的或是放凉的 Espresso。

考核指南

(一) 基础知识部分

1. 喝咖啡时的礼仪要点

2. 咖啡品种及其特色

(二) 操作技能部分

1. 在喝咖啡时，使用恰当的咖啡礼仪技巧

2. 运用娴熟的咖啡认知技巧进行咖啡点单

习题

1. 餐后饮用咖啡的主要作用在于(　　)。

A. 减肥　　B. 提神　　C. 美味　　D. 促进消化

2. 餐后饮用的咖啡，一般采用(　　)杯子盛装。

A. 拿铁杯　　B. 美式咖啡杯　　C. 浓缩杯　　D. 卡布杯

3. 咖啡杯的正确拿法是(　　)。

A. 手指穿过杯耳端起杯子喝

B. 拇指、食指及中指、无名指拿住杯柄喝

C. 拇指、食指及中指、无名指握住杯柄喝

D. 拇指、食指拿住杯柄喝

4. 下列说法正确的是(　　)。

A. 如果需要方糖，可以用糖夹子直接夹到咖啡杯中

B. 咖啡匙是用来搅拌咖啡使之冷却的工具

C. 喝咖啡时可吃一些小点心，所以一口咖啡一口点心显得更加优雅

D. 因为喜欢，所以可以同时点两杯以上的咖啡饮用

5. 下列说法中不正确的是(　　)。

A. Espresso 在意大利通常是站着喝的

B. Espresso 饮用时一般不添加任何糖和牛奶

C. Espresso 不分大小杯，只有单份和双份之分

D. Espresso 是咖啡浓度特别高的一款咖啡

6. 下列说法中不正确的一项是(　　)。

A. 玛琪雅朵是在 Espresso 的基础上添加奶泡

B. 如果要加糖浆的话，可在玛琪雅朵的 Espresso 里直接加糖浆

C. 玛琪雅朵在制作完成后，应尽快喝掉

D. 玛琪雅朵饮用时，先刮除上层奶泡

7. 布雷卫是指一份意式浓缩的基础上，加入(　　)的混合物。

A. 牛奶加巧克力　B. 牛奶加奶泡　C. 奶泡加奶油　D. 牛奶加奶油

8. 下列哪款咖啡在意大利人眼中不能算正宗的咖啡(　　)。

A. 康宝蓝　B. 拿铁　C. 美式　D. 摩卡

9. 下列哪款咖啡是盛放于小杯中，但咖啡因浓度比 Espresso 还要高(　　)。

A. Latte　B. Caffe mocha　C. Ristretto　D. Americano

10. Caffe Freddo 指的是(　　)。

A. 加水的 Espresso　B. 用大麦做的 Espresso

C. 冰镇的 Espresso　D. 高浓度的 Espresso

第二专题 咖啡杯的选择

学习目标

1. 掌握咖啡杯分类标准及其具体细分、各类咖啡杯特性知识点。
2. 熟练掌握采用不同类型的咖啡杯来盛装不同类型的咖啡。
3. 具备咖啡师咖啡制作操作技能及服务素养能力。

咖啡，作为全世界最受欢迎的饮品之一，不仅香醇可口，而且对身体也有着诸多益处。一杯好的咖啡不仅需要好的咖啡豆和娴熟的萃取方式，咖啡杯的选择也是至关重要的因素，选对了杯子，一杯咖啡才能完美隆重地登场。

那么，我们该如何选择咖啡杯呢？选择怎样的咖啡杯才能使咖啡喝起来既香醇又口感十足呢？

咖啡杯的分类(材质分类)

咖啡杯按照材质可分为瓷杯、陶杯、玻璃杯和塑料杯。不同材质的杯子，所展现出来的咖啡口感和魅力完全不一样。使用恰当的杯子可以把咖啡风味体现得淋漓尽致，不恰当的杯子则会毁了咖啡本身。

那么，就让我们来一一分析，不同材质的杯子与咖啡之间的关系。

(一) 瓷杯

最常用的咖啡器皿，有白瓷杯(见图 6.2.1)和骨瓷杯(见图 6.2.2)。瓷质器皿，表面光滑，质地轻巧，色泽柔和，釉面可以施以不同的色彩和纹理。其中，骨瓷更是轻薄剔透。

瓷杯适用性最为广泛，对于精品咖啡来说，白色的瓷杯最利于观察咖啡液的色彩和浓度(见图 6.2.3)。

图 6.2.1 白瓷

图 6.2.2 骨瓷

图 6.2.3 白色的瓷杯最利于观察咖啡液的色彩浓度

(二) 陶杯

陶杯用陶土烧制而成，表面相对比较粗糙，质感强烈，颇有古朴与禅寂之感，是追求文化与历史感的咖啡玩家的最爱(见图 6.2.4)。

缺点是咖啡垢比较容易附着于杯面上，不利于清洗。

图 6.2.4 陶杯

(三) 玻璃杯

玻璃杯通体透明(见图 6.2.5)，双层玻璃杯具有较好的保温效果。用它来盛装

图 6.2.5 玻璃杯

Espresso 及拿铁、焦糖玛奇朵这类花式咖啡，可以很好地展现出咖啡的层次感。

(四) 塑料杯、纸杯

咖啡液的温度通常较高，用塑料、纸杯喝咖啡时，杯子的气味极有可能破坏咖啡原有的味道，影响咖啡的口感。当然本身这些材质中也含有一些不利于身体健康的物质，而且也不环保，所以选择用塑料杯或纸杯来盛装咖啡，是下下之选(见图 6.2.6)。

图 6.2.6　塑料杯和纸杯

咖啡杯的分类(杯口形状分类)

另外一种分类法，按照杯口来分，可分为广口杯(见图 6.2.7)和直口杯(见图 6.2.8)两种。相同材质的杯子，不同的杯口形状，所感受到的咖啡风味也是不尽相同的。因为杯口的形状，会影响到入口时咖啡与味蕾的第一触点，这就决定了哪种咖啡口感最先与你的味蕾进行亲密接触。

图 6.2.7　广口杯

图 6.2.8　直口杯

(一) 广口杯

广口杯，顾名思义，杯口会往外扩，向外展开。这样的杯形，使得咖啡能够更多地更好地接触到更广阔的味蕾，让你的舌头能感受到咖啡完整的风味，特别是酸性风味的体验。

(二) 直口杯

直口杯指杯口垂直于桌面的直立型杯形，咖啡入口更加集中，直接接触甜区和中间区，口感更加均衡。

咖啡杯的分类(杯壁分类)

如果按照杯壁分，我们可以把咖啡杯分为厚杯、薄杯。

(1) 厚实的杯壁，更加有利于保温，更适合饮用拿铁或卡布奇诺等花式咖啡。

(2) 轻薄的杯壁，有着更为细腻的入口触感，更适合饮用单品咖啡并且能够感受到咖啡从热到凉，不同温度下所能展现出来的不同风味。

咖啡杯的分类(盛装量分类)

如果按照盛装咖啡量的多少，我们可以将咖啡杯分为：

(1) 100 毫升以下的小型咖啡杯(见图 6.2.9)：多用于盛装意大利浓缩咖啡，如 Espresso。

(2) 200 毫升左右的咖啡杯(见图 6.2.10)：多用于盛装单品咖啡。

(3) 300 毫升以上的大咖啡杯(见图 6.2.11)：多用来盛装牛奶泡沫比较多的花式咖啡，如拿铁咖啡。

图 6.2.9　100 毫升以下的小型咖啡杯

图 6.2.10　200 毫升左右的咖啡杯

图 6.2.11　300 毫升以上的大咖啡杯

当然，无论选用哪一款的咖啡杯，在饮用前不要忘记温杯。因为杯子是凉的话，就会影响咖啡的口感和味道，冰咖啡除外。

品味咖啡的乐趣，不仅仅在于咖啡本身，一款质地精细、雕花细腻的咖啡杯碟，承载着香醇浓厚的精品手工制作咖啡，再配上一块香甜诱人的甜点。我想，这是对自己最好的馈赠吧。

午后，暖阳，树影斑驳，咖啡香气四溢，器具精美雅致，甜点小巧可口，好好享受这美好的下午茶时光吧。

考核指南

(一) 基础知识部分

1. 咖啡杯的分类标准及具体细分

2. 各类咖啡杯的特性

(二) 操作技能部分

采用不同类型的咖啡杯来盛装不同类型的咖啡。

习题

1. 咖啡杯按照材质分，可分为(　　)种。

　A. 一　　B. 两　　C. 三　　D. 四

2. 表面光滑、质地轻巧、色泽柔和，釉面可以施以不同的色彩和纹理，指的是(　　)材质的咖啡杯。

　A. 瓷质　　B. 陶质　　C. 玻璃　　D. 塑料

3. 对于精品咖啡来讲，(　　)色的瓷杯最利于观察咖啡液的色彩浓度。

　A. 黑色　　B. 黄色　　C. 红色　　D. 白色

4. 表面相对比较粗糙，质感强烈，颇有古朴与禅寂之感，指的是(　　)材质的咖啡杯。

　A. 瓷质　　B. 陶质　　C. 玻璃　　D. 塑料

5. 咖啡垢比较容易附着于杯面上，不利于清洁，指的是哪一款咖啡杯？(　　)

　A. 瓷质　　B. 陶质　　C. 玻璃　　D. 塑料

6. 双层玻璃杯具有较好的保温效果，通常用它来盛装(　　)。

A. 精品咖啡　　B. 美式咖啡　　C. 摩卡　　D. 拿铁

7. 广口杯可以让舌头感受到咖啡(　　)的风味。

A. 特有　　B. 完整　　C. 特殊　　D. 纯正

8. 单品咖啡常用(　　)咖啡杯盛装。

A. 厚壁　　B. 薄壁

9. 100 毫升以下的小型咖啡杯，常用来盛装(　　)咖啡。

A. 拿铁　　B. 单品咖啡　　C. 卡布奇诺　　D. Espresso

10. 在盛装咖啡前需要温杯，但(　　)咖啡除外。

A. 单品咖啡　　B. 冰咖啡　　C. 越南滴滤壶　　D. 比利时咖啡壶

第七模块　咖啡馆文创设计

学习目标

1. 掌握咖啡馆文创活动设计的目标、规则及方法。
2. 能够设计一个适合咖啡馆运作的文创活动文案。
3. 具备咖啡师咖啡制作操作技能及服务素养能力。

第一专题　咖啡馆文创设计(上)

随着人们生活水平的提高，休闲文化意识的增强，各种风格的咖啡馆盛行于大中小城市，成为现代人休闲聚会、商务交流的场所；而咖啡馆之所以有它独特的魅力，是因为它不仅是售卖咖啡饮品的地方，更是品质、文化和思想的汇集之地。

在咖啡文化的传播历史中，咖啡馆一直扮演着“公开的思想交流地”“艺术青年聚集地”的角色，而咖啡文化也被诠释为“对理想生活方式的一种追求”。

正因为咖啡馆带着它独特的文化特质存在于繁华喧嚣、浮光掠影的城市中，所以咖啡馆在另一个层面上也是一种“世外桃源”的代名词。在这里，时光仿佛停驻，青春永不散场，心灵觅得宁静的港湾，思想迸发智慧的火花。

而咖啡馆的经营者们也汇集各种创意，争相推出各色主题、各种创意的咖啡文化活动，为咖啡馆运营及品牌拓展寻求一条生命常青之路。

今天，我们就来谈谈关于咖啡馆的文创活动设计。

木凡咖啡工坊在其创办的三年里，以独特的文创活动在咖啡发烧友及文青朋友中口口相传，积累了强大的人脉。每半月一次的主题性聚会积攒了大量的人气，有老朋友们的回回光顾，也有新朋友们的加入。让我们一起来探究“木凡咖啡工坊”文创活动的创意秘诀在哪里吧！

1.“止语书写”系列

“今夜止语，橘黄灯下，用笔墨纸砚，书写汉隶唐宋楷，紧守来自内心的感悟和体会，让我们止语一小时。”

活动规则：到咖啡馆后领取文房四宝，在指定位置进行书写。止语期间紧守“止语”规定：不交流、不走动，安心书写；写毕，归还笔墨纸砚，再进行书法交流与体会。

活动目的：在人来车往浮世中，寻得一处静谧之地；于修身养性之时，寻得自己内心的声音；止语，也是静心。

2.“品读经典”系列

“让我们一起重温国学经典、文学作品。在主讲老师的循循善诱下，我们进入一个文学的世界，让我们一起感受和分享中国传统文化精髓与文学作品带给我们的领悟和共鸣。”

活动规则：邀请国学和文学领域的老师，在每一个系列活动中，围绕某一主题进行文学作品的研读，青年朋友们在倾听之余进行交流分享。

活动目的：使青年朋友们能重拾中国文学带给我们心灵的启迪和震撼，品读经典，让“读书会”成为青年朋友们文化思想交流的平台，构建文化获取和分享的新渠道。

第二专题　咖啡馆文创设计(中)

3.“旅行分享”系列

“或阅读，或旅行；身体和灵魂，必须有一个在路上。”

活动规则：和我们一起分享你的旅行经历，准备好你的PPT、美照、笑容以及旅行中的故事，希望我们能通过你发现美的眼睛来认知这个世界。

活动目的：通过旅行分享，来交换我们对世界的看法，或天文地理，或人文艺术，或风土人情，让我们一起用好奇而满怀期望的双眼品读这个世界。

4.“青年技能互换市场”系列

“用你的手艺，用你的技能，来为你赢得尊重和艳羡，我们技能互换吧！”

活动规则：参加活动的青年朋友们，拿出你的手艺，拿出你的“绝活”，拿出你的技能，在这个市场上，我们不用金钱进行交易，我们用自己的才华和技能，来赢得尊重和价值。

活动目的：青年(学生)找到展示技能的平台，获取继续努力的掌声和鼓励。

5.“梦想学院”系列

“每个人都有自己的梦想，前路虽然崎岖，但只要有梦，终会抵达……”

活动规则：为青年朋友们创建梦想交流平台，定期邀请各行业嘉宾、创业开拓者、优秀校友分享自己的追梦经历。

活动目的：为青年朋友们构建一个创业、就业、追梦的交流分享平台，启迪、激励学生，并为学生的求职构建平台。

6.“创业圆桌会议”系列

“这是一个最好的时代，也是一个最坏的时代，‘大众创业、万众创新’的时代，你们准备好了吗?！让我们在这个创业论坛里，与宁波创业链上的三代创业者们一起分享他们的故事，一起‘头脑风暴’！一起来探索我们的‘创新创业’之路！”

活动规则：邀请创业、创意设计、科技、招商相关行业和部门的专家、企业管理人一起头脑风暴，分享创业创新理念、智慧和见解。

活动目的：对青年朋友们的创业创新活动进行引导，提供借鉴，分享经验，交流探讨，碰撞出智慧火花。

第三专题　咖啡馆文创设计(下)

7. "弹唱青春"系列

"匆匆那年,我们时代的歌,一把木吉他,一束冷光,分享,我来吧……"

活动规则:分享自己那个年代最喜欢的歌,分享自己心中最萦绕不去的旋律,我们轻轻地弹,我们缓缓地和,我们共同寻觅和抵达心中的音乐圣堂。邀请青年朋友们以及音乐爱好者们一起来弹唱我们心中的歌。

活动目的:寻找时光掠过的痕迹,用音乐来诠释自己,获得共鸣,分享我们的爱与哀愁。

8. "英语角"系列

"一杯咖啡,拉近你和我,让我们一起用英语交流,分享你和我的故事,让我们一起用 Coffee and English 交朋友吧!"

活动规则:在"英语角"活动中,参加者只能用英语交流和分享,当然每期会邀请外教参与主题活动,引领"英语角"活动的开展以及节奏的把握。

活动目的:锻炼英语口语,让我们勇于开口说英语。

9. "木凡咖啡教室"

致力于咖啡制作的培训分享以及咖啡文化的传播。

具体包括咖啡豆烘焙分享会、咖啡豆研磨分享会、手冲咖啡分享会、爱乐压分享会、虹吸壶分享会以及咖啡拉花分享会。

当然,木凡咖啡工坊还致力于跨界合作,与"宁波灯塔音乐现场"合作,举办了瑞典当红创作型音乐人 Erik Linder 的中国巡演宁波站以及末小皮《潘卡西》新专辑巡演宁波站的演出活动,完美地将文艺与咖啡结合演绎,收获了一票铁杆咖迷。

所以说,不仅咖啡是带有生命的,具有灵魂和饱含激情的,与咖啡艺术相结合的文创活动,更是绽放了咖啡馆的生命力量,仿佛一个灵魂的歌者在缓缓而悠远地诉说着有关咖啡的传奇。

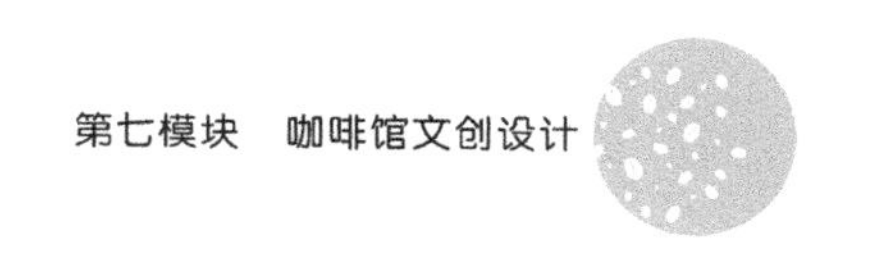

考核指南

(一) 基础知识部分

咖啡馆文创活动设计的目标、规则及方法

(二) 操作技能部分

设计一个适合咖啡馆运作的文创活动方案,写明具体活动规则、目标及运作方式。

图书在版编目（CIP）数据

咖啡制作/徐春红主编. —杭州：浙江大学出版社，2018.2（2024.12重印）

ISBN 978-7-308-17974-4

Ⅰ.①咖… Ⅱ.①徐… Ⅲ.①咖啡—基本知识 Ⅳ.①TS273

中国版本图书馆CIP数据核字（2018）第021107号

咖 啡 制 作

KAFEI ZHIZUO

徐春红　主编

策划编辑　李　晨

责任编辑　李　晨　徐　瑾

责任校对　杨利军　夏斯斯

封面设计　项梦怡

出版发行　浙江大学出版社

（杭州市天目山路148号　邮政编码　310007）

（网址：http：//www.zjupress.com）

排　　版　杭州林智广告有限公司

印　　刷　浙江新华数码印务有限公司

开　　本　787mm×1092mm　1/16

印　　张　11.75

字　　数　210千

版 印 次　2018年2月第1版　2024年12月第15次印刷

书　　号　ISBN 978-7-308-17974-4

定　　价　37.00元